식감이 살아있는 스콘 & 비스킷
Scone & Biscuit

BUTTER DE TSUKURU / OIL DE TSUKURU SCONE TO BISCUIT NO HON
© YOKO WAKAYAMA 2014
Originally published in Japan in 2014 by SHUFU TO SEIKATSU SHA Co., Ltd., TOKYO,
Korean translation rights arranged with SHUFU TO SEIKATSU SHA Co., Ltd., TOKYO,
through TOHAN CORPORATION, TOKYO, and Eric Yang Agency, SEOUL.

ART DIRECTION·DESIGN: YUKO FUKUMA
PHOTOGRAPHY: MIYUKI FUKUO
STYLING: MOTOHO JYO
COOKING ASSISTANT: KONOMI YAMURA
COVER: KAORU KUBOKI
REVIEW: SORYUSHA
EDITING: AKIKO ADACHI

식감이 살아있는 스콘 & 비스킷

와카야마 요코

버터·오일·생크림·
크림치즈로
다양하게 만드는
스콘과 비스킷 레시피
50

북핀

"늑대가 울면 성공!"

'늑대의 입'이라는 표현을 알고 있나요?

이 익숙하지 않은 표현을 처음 본 것은 학생 시절에 읽었던 영국에 대한 에세이에서였습니다.

늑대의 입이란, 방금 구운 스콘의 부풀어 올라 갈라진 부분을 비유하는 말인데요. 부풀어 올라 갈라진 모습이 먹음직스러우면 잘 만들어진 스콘이라는 뜻으로 '늑대가 울면 성공'이라고 말한답니다.

겉은 바삭하고 속은 촉촉한 식감으로, 진하게 탄 밀크티와 함께 즐기면 좋은 영국의 대표적 디저트, 스콘. 가루 향을 느낄 수 있는 심플한 스콘은 아침 대용이나 간식으로 좋고, 뜨거운 홍차나 커피와도 어울려서 더욱더 마음에 드는 과자입니다. 초콜릿과 건과일을 넣어 달콤하게 만들어도 되고, '비스킷'이라 불리는 미국식 스콘도 맛있지요.

스콘과 비스킷에는 다른 과자에 비하면 의외일 정도로 오일과 설탕이 적게 들어갑니다. 가루 재료에 버터를 조금 넣고, 가루가 뭉쳐질 정도로만 액상 재료를 넣고 굽지요. 그만큼 담백한 과자이기에 스콘에는 언제나 크림이나 잼이 곁들여지는 게 아닐까 합니다. 스콘은 먹는 사람의 취향대로 어레인지할 수 있는 즐거움과 멋이 있는 과자라고 생각해요.

사실 저는 오일 스콘은 올리브유를 사용하면서 달지 않게 만들어왔어요. 달콤한 맛이 나는 오일 스콘은 경험이 별로 없었지요. 하지만, 이 책에서는 버터와 올리브 향이 없는 대신 감칠맛과 향을 가미하는 덧셈의 레시피로 달콤한 오일 스콘을 완성해 보았어요. 오일 스콘은 액체 재료를 섞을 때 섞는 순서에 따라 식감이 변하고, 각각이 모두 맛있어서 마치 요리 실험을 하는 듯한 재미가 있답니다.

주말에 고소한 가루 향이 나는 스콘이 먹고 싶으면…

볼 하나만 꺼내 보지 않으실래요?

볼 하나에 반죽을 만들고, 늘리고 잘라서, 굽는 과정까지 약 10분.

오븐을 열면 늑대의 입을 벌린 막 구운 스콘을 만날 수 있답니다.

놀라울 정도로 간단하게 만드는 심플한 과자의 매력을 느낄 수 있을 거예요.

이 책을 통해 간단하게 만들고 다양한 맛으로 즐기는 스콘의 매력을 느끼시길 바랄게요.

와카야마 요코

스콘이 사랑스러운 이유

1. 생각나는 즉시 OK

2. 볼 하나만 있다면 OK

아주 손쉬운 과자, 스콘. 먹고 싶다는 생각이 들면 바로 주방에 가서 가루와 다른 재료를 꺼내서 섞고, 반죽하고, 좋아하는 형태로 잘라내면 끝. 달걀의 거품을 부드럽게 내거나, 반죽을 숙성시킬 필요도 없어요. 굽는 시간도 오븐에 넣고 단 10분. 함께 마실 차를 준비하는 시간 동안 노릇노릇하게 구워집니다.

작은 볼 하나만으로 간단하게 만들 수 있는 스콘. 볼에 재료를 넣어 섞고 가볍게 반죽하면 완성이에요. 반죽은 나이프로 자르거나, 유리컵으로 찍어내 주세요. 특별한 도구도 필요 없고 정해진 형태도 없답니다. 버터와 가루 재료가 약간 보일 듯 말듯 와일드하게 섞어도 괜찮아요. 바삭하게 맛있는 스콘으로 만들어집니다.

3.
버터를 사용하지 않아도 OK

4.
마음을 담은 선물로 OK

여러 가지 재료로 다양하게 즐길 수 있는 스콘. 버터로 만든 리치한 스콘도 맛있지만 오일로 만든 스콘에서는 담백함과 간편함을 즐길 수 있습니다. 버터 향 대신 재료의 풍미를 보다 더 깊게 즐길 수 있고, 버터를 자르는 시간도 생략할 수 있지요. 요거트나 크림치즈로 만들면 더욱더 촉촉하고 부드럽게 만들어지고, 우유 대신에 두유를 넣으면 더 건강하게 만들 수 있는 점도 매력적이에요.

겉은 바삭하고, 속은 촉촉하게 구워진 스콘. 형태가 무너질 걱정도 없고, 상온에서도 2, 3일은 맛있게 먹을 수 있어요. 볼록하게 부푼 스콘은 별도의 포장 없이 종이봉투에 넣는 것만으로도 왠지 귀여워요. 단맛을 줄였기 때문에 간식뿐 아니라 아침 대용으로도 가능하죠. 나누어 먹거나 마음을 담아 선물하기 좋은 최적의 과자랍니다.

목차

PART 1

풍미가 깊은
버터
스콘&비스킷

기본 스콘

응용 스콘

베이킹을 시작하기 전에

* 1큰술은 15mL, 1작은술은 5mL입니다.

* 달걀은 중간 사이즈를 사용했습니다.

* '한 꼬집'은 엄지, 검지, 중지의 세 손가락으로 가볍게 잡은 양을 말합니다.

* 가스 오븐을 사용할 경우는 레시피의 온도를 10℃ 정도 낮춰 주세요.

* 오븐은 미리 설정 온도에 맞춰 데워둡니다. 굽는 시간은 열원이나 기종에 따라 다소 차이가 있으므로 레시피의 지시를 참고하면서 상태를 보면서 구워주세요.

볼

사진의 볼은 지름 18~20cm 정도의 스테인리스 제품입니다. 저는 지름 18cm 크기의 볼을 사용하고 있어요. 이 책에서 소개하는 레시피는 반죽량 이 많지 않기 때문에 이 정도 사이즈 면 충분해요.

Column
도구에 대하여

볼 하나만 있으면 가볍게 만들 수 있고 그 외의 도구도 모두 일상에서 쉽게 구할 수 있는 것들이에요. 맛있는 스콘을 만들기 위해 필요한 기본 도구들을 소개합니다.

밀대

반죽이 만들어지면 밀대로 밀어서 쭉 쭉 펴줍니다. 이 과정에서 1~2회 접어 주면 굽는 과정에서 반죽이 부풀어 오 르기 쉬워져요. 반죽이 밀대에 들러붙 을 경우 반죽 위에 박력분을 덧가루로 뿌려주세요.

거품기

가루 재료를 볼 안에서 가볍 게 섞을 때 사용합니다. 가루 재료를 섞고 체 치는 과정을 생략할 수 있어요.

고무주걱

생크림 스콘, 오일 스콘 등 액 상 재료가 많은 반죽을 섞을 때 사용합니다. 반죽을 손으 로 이겨 개면 딱딱하게 만들 어지기 때문에 가루 재료를 액상 재료에 덮듯이 가볍게 섞는 것이 요령입니다.

스크래퍼

버터로 만드는 거의 모든 스 콘에 사용합니다. 버터를 잘게 자를 때나 액상 재료를 넣어서 반죽을 자르듯 섞을 때 필요합 니다. 볼에 붙은 반죽을 떼어 내는데도 편리해요.

계량스푼(큰술/작은술)

설탕이나 베이킹파우더, 소량의 우유, 두유, 오일 등을 계량할 때 사용합니다. 1큰술=15mL, 1작 은술=5mL입니다. 가루 재료는 듬뿍 떠서 윗면을 쓸어 맞추고, 액상 재료는 표면장력으로 부 풀어 오를 정도로 넣어 주세요.

계량컵

우유, 생크림, 두유 등의 액상 재료를 계량할 때 사용합니다. 계량컵을 정면에서 보면서 정 확하게 계량해 주세요. 계량에 따라 반죽의 점도가 달라져요.

유리컵

반죽을 동그랗게 찍어낼 때 사용합니 다. 왼쪽의 작은 컵은 지름 5~6cm, 오른 쪽의 큰 컵은 지름 7.5~8cm(160mL) 예요. 되도록 입구의 테두리가 얇은 것 을 추천합니다. 반죽의 단면이 뭉치지 않고 제대로 구워져요.

재료에 대하여

박력분, 버터, 설탕, 요거트, 우유 등
어디에서든 쉽게 구할 수 있는 기본적인 재료입니다.
스콘 만들기에 필요한 기본 재료와 그 외 재료들을 소개합니다.

박력분

이 책에서는 박력분 중에서도 조금 중력분에 가까운 홋카이도산 제과용 박력분(쿠헨)을 사용했습니다. 밀가루 자체의 풍미도 좋고, 바삭한 식감으로 완성돼요. 스펀지케이크용의 고급 박력분을 사용하면 약간 꾸덕꾸덕한 식감으로 만들어지기 때문에 주의해 주세요. 가루 재료의 1/3 정도를 강력분으로 바꾸면 쫄깃한 식감으로 만들어집니다. 또한, 가루 재료의 1/4~1/3 분량을 전립분으로 바꾸면 풍미가 바뀌어 또 다른 맛을 느낄 수 있어요.

설탕

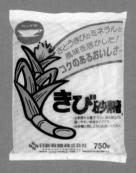

감칠맛이 있는 단맛의 수수설탕을 사용했습니다. 같은 양의 백설탕이나 그래뉴당으로 바꾸어 만들어도 괜찮아요. 색이나 맛을 깔끔하게 표현하고 싶을 때는 그래뉴당을 사용해 주세요.

버터

이 책에서는 칼피스 무염 버터를 사용했습니다. 기본적으로 무염 버터를 추천하지만, 스콘의 경우 40~50g 정도로 소량이 들어가기 때문에 유염 버터를 사용해도 괜찮습니다. 가능하다면 발효 버터를 사용하여 풍미를 더욱더 깊게 만들어 주세요.

베이킹파우더

백반을 사용하지 않은 알루미늄 프리 제품을 사용했습니다. 1작은술=5g, 1과 1/2작은술=7g입니다. 개봉한 후(냉장실 보관) 시간이 지날수록 품질이 떨어지기 때문에 가능한 신선한 것을 사용해 주세요. 이 책에서는 럼포드 알루미늄 프리 베이킹파우더를 사용했어요.

달걀

중간 사이즈의 신선한 달걀을 사용했습니다. 1개당 알맹이 50~55g(달걀노른자 20g+달걀흰자 30~35g)으로 계산합니다. 다른 액상 재료의 일부를 달걀 1/2개분으로 바꾸면 하루가 지나도 촉촉하게 맛있어요. 남은 것은 표면에 발라 구워 윤기를 내주세요.

우유

저지방 우유나 무지방 우유가 아닌 일반 우유를 사용합니다. 요거트와 우유 두 가지가 들어가는 스콘을 만들 때 요거트가 없다면 요거트 양을 우유로 바꿔 만들어도 됩니다.

요거트

무당 플레인 타입을 사용했습니다. 요거트의 산미로 인해 식감이 가벼워집니다. 케이크풍 비스킷을 만들 때는 차거름망에 올려 1시간 정도 두어 수분을 날린 다음 사용하고, 다른 스콘을 만들 때는 그대로 사용해 주세요.

오일

풍미가 느껴지는 스위트 오일 스콘을 만들 때는 카놀라유, 또는 생참깨기름을 추천합니다. 포슬포슬한 플레인 오일 스콘을 만들 때는 올리브유를 사용하여 풍미를 더해 주세요. 취향에 따라 믹스해서 사용해도 좋아요.

두유

깔끔한 맛의 무첨가 두유를 추천합니다. 이 책에서는 오일 스콘을 만들 때 사용했어요. 없다면 우유로 대체해도 괜찮아요.

생크림

유지방분 35% 이상의 동물성 지방 제품을 추천합니다. 식물성 지방 제품보다 감칠맛이 확 살아나요.

크림치즈

크림치즈 스콘 등을 만들 때 사용합니다. 2cm 크기로 깍둑썰기 하고, 버터와 마찬가지로 가루 재료와 함께 자르듯 섞어줍니다.

소금

포슬포슬한 플레인 오일 스콘을 만들 때 사용했습니다. 가능하다면 굵은 소금을 사용해 주세요. 식감이 살아나요.

초콜릿

쉽게 구할 수 있는 판 초콜릿을 사용했습니다. 제가 사용한 초콜릿은 밀크 초콜릿이 한 장당 50g, 화이트 초콜릿은 40g입니다. 취향에 따라 좋아하는 브랜드의 초콜릿을 사용해 주세요.

건과일

스콘과 잘 어울리는 건과일입니다. 건포도나 건살구, 말린 라즈베리 등 작은 사이즈이고 딱딱한 것은 뜨거운 물에 잠시 넣어 부드럽게 만든 다음 반죽에 넣어 사용합니다.

스콘에 어울리는 맛있는 페이스트

스콘 하나만 먹어도 충분히 맛있지만
조금만 시간을 들여 버터나 크림을 만들어 바르면
다양한 맛으로 즐길 수 있습니다.
여기서 소개하는 모든 페이스트는 냉장실에 넣어 보관해 주세요.

허니 버터

버터와 꿀을 섞는 것만으로 완성!
꿀 특유의 부드러운 단맛과 향을 즐기
세요.

재료 (스콘 6~8개분)
무염 버터 3큰술
꿀 2큰술

만드는 방법

❶ 버터는 실온에 두어 부드럽게 만든 다음
꿀을 넣어서 작은 거품기로 섞는다.

❷ 식은 스콘 사이에 바른다.

메이플 버터

메이플 시럽과 버터의 깊이 있는
맛이 느껴집니다.
설탕과 소금을 조금 넣어서 맛에
포인트를 주세요.

재료 (스콘 6~8개분)
무염 버터 3큰술
메이플 시럽 2큰술
수수설탕 1/2작은술
소금 한 꼬집

만드는 방법

❶ 버터는 실온에 두어 부드럽게 만든 다음
그 외 재료를 넣어서 작은 거품기로 섞는다.

❷ 식은 스콘 사이에 바른다.

라즈베리 버터

예쁜 붉은 색이 식욕도 돋구어 줍니다.
레몬즙을 조금 넣으면 색이 더 선명해
져요.

재료 (스콘 6~8개분)
무염 버터 3큰술

A
| 라즈베리(냉동) 10g
| 그래뉴당 1큰술
| 레몬즙 1/2작은술

만드는 방법

❶ 내열용기에 A를 넣고 랩을 씌우지 않은 채
전자레인지(600W)로 30초 가열하고 식
힌다.

❷ A에 실온에 두어 부드럽게 만든 버터를 넣
고 작은 거품기로 섞는다.

❸ 식은 스콘 사이에 바른다.

치즈 크림

크림치즈로 만드는 농후한 크림.
거품을 낸 생크림을 더해서 가벼운
식감으로 완성했어요.

재료 (스콘 6~8개분)

크림치즈 50g
수수설탕 1큰술
생크림 50mL

만드는 방법

❶ 크림치즈는 실온에 두어 부드럽게 만든 다음
　설탕을 넣고 거품기로 섞는다.

❷ 생크림은 뿔이 설 때까지 거품을 낸 다음 ❶
　에 넣어 고무주걱으로 가볍게 섞는다.

❸ 식은 스콘 사이에 바른다.

재료 (스콘 6~8개분)

A　그래뉴당 50g
　　물 1작은술

　　생크림 50mL

B　수수설탕 1작은술
　　소금 한 꼬집

캐러멜 크림

진하게 태운 것이 맛있어요.
소금을 조금 넣으면 맛에 포인트가
생겨요.

만드는 방법

❶ 작은 냄비에 A를 넣어 중불에 올린다. 가장자리
　가 갈색이 되면 주걱으로 섞고, 전체가 진하게
　탄 갈색이 되면 불을 끈다.

❷ ❶에 생크림을 넣어 섞으면서 약불에 올린다.
　잘 어우러지면 B를 섞어서 가볍게 졸인다.

❸ 식은 스콘 사이에 바른다.

초콜릿 크림

남녀노소 모두가 좋아하는 초콜릿 크림.
냉장고에 넣어 식혀두면 풍성한 거품을
만들 수 있어요.

재료 (스콘 6~8개분)

판 초콜릿 1장(50g)
생크림 100mL

만드는 방법

❶ 초콜릿은 대강 잘라 두고, 생크림은 1/2 양을 전
　자레인지(600W)로 30초 가열한다. 가열한 생
　크림에 초콜릿을 넣어 녹인다.

❷ ❶ 에 나머지 생크림도 넣어서 거품기로 섞는
　다. 냉장실에 1시간 이상 두어 식힌 다음 뿔이
　설 때까지 거품을 낸다.

❸ 식은 스콘 사이에 바른다.

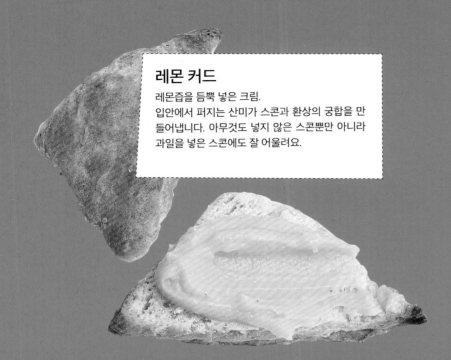

레몬 커드

레몬즙을 듬뿍 넣은 크림.
입안에서 퍼지는 산미가 스콘과 환상의 궁합을 만
들어냅니다. 아무것도 넣지 않은 스콘뿐만 아니라
과일을 넣은 스콘에도 잘 어울려요.

재료 (만들기 쉬운 분량, 약 1/2컵분)

달걀 1개
달걀노른자 1개분
무염 버터 20g

A │ 그래뉴당 4큰술
  │ 옥수수 전분 1큰술

B │ 레몬즙 2개분(5큰술)*
  │ 레몬 껍질 간 것 1개분

　• 부족하다면 물을 넣어주세요.

만드는 방법

❶ 작은 냄비에 A를 넣어 거품기로 섞은 다음 B,
　달걀과 달걀노른자 순서로 넣어 그때마다 섞는
　다.

❷ ❶을 섞으면서 약불에 올리고 걸쭉하게 되면
　불을 끈다. 버터를 넣어서 남은 열로 녹인다.

❸ 식은 스콘 사이에 바른다.

＊ 냉장실에서 2일 정도 보관 가능해요.

재료 (만들기 쉬운 분량, 약 1/2컵분)

달걀 1개
달걀노른자 1개분
무염 버터 15g

A │ 그래뉴당 4큰술
  │ 옥수수 전분 1과 1/2큰술

B │ 오렌지 과즙(또는 과즙 100% 오렌지 주스) 80mL
  │ 오렌지 껍질 간 것 1개분
  │ 레몬즙 1작은술

만드는 방법

❶ 작은 냄비에 A를 넣어 거품기로 섞은 다음 B,
　달걀과 달걀노른자 순서로 넣어 그때마다 섞는
　다.

❷ ❶을 섞으면서 약불에 올리고 걸쭉하게 되면
　불을 끈다. 버터를 넣어서 남은 열로 녹인다.

❸ 식은 스콘 사이에 바른다.

＊ 냉장실에서 2일 정도 보관 가능해요.

오렌지 커드

레몬 커드의 오렌지 버전.
오렌지 과즙은 주스로 대체해도 괜찮아요.
오렌지 껍질을 갈아서 넣으면 향이 더욱 풍부
해져요.

다양한 아이싱

아이싱은 가루설탕과 액상 재료를 섞어 만든 것으로,
스콘뿐만 아니라 마들렌, 파운드케이크 등
구움과자류를 토핑하는 용도로 자주 쓰입니다.
아이싱이 굳어서 뿌리기 어렵다면 액상 재료를 1방울씩 넣어 섞어 주세요.

아이싱은 작은 용기에 가루설탕을 넣고 액상 재료를 더한 다음 스푼으로 잘 섞으면 완성. 원하는 점도로 만든 다음 스콘 위에 스푼으로 뿌려 주세요.

레몬 아이싱

재료/만드는 방법 (스콘 6~8개분)

❶ 가루설탕 4큰술에 레몬즙 1작은
술을 넣은 다음 스푼으로 걸쭉
하게 섞는다.

❷ 식은 스콘 위에 뿌린다.

커피 아이싱

재료/만드는 방법 (스콘 6~8개분)

❶ 인스턴트 커피 1/4작은술을 뜨거
운 물 1작은술에 넣어 녹인다.

❷ ❶을 가루설탕 3큰술에 넣은 다
음 스푼으로 걸쭉하게 섞는다.

❸ 식은 스콘 위에 뿌린다.

메이플 아이싱

재료/만드는 방법 (스콘 6~8개분)

❶ 가루설탕 3큰술에 메이플 시럽 1
큰술을 넣은 다음 스푼으로 걸쭉
하게 섞는다.

❷ 식은 스콘 위에 뿌린다.

요거트 아이싱

재료/만드는 방법 (스콘 6~8개분)

❶ 가루설탕 4큰술에 플레인 요거
트 1작은술을 넣은 다음 스푼으
로 걸쭉하게 섞는다.

❷ 식은 스콘 위에 뿌린다.

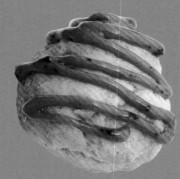

블루베리 아이싱

재료/만드는 방법 (스콘 6~8개분)

❶ 가루설탕 3큰술에 블루베리잼 1
작은술, 레몬즙 1/2작은술을 넣
은 다음 스푼으로 걸쭉하게 섞
는다.

❷ 식은 스콘 위에 뿌린다.

스콘 표면에 바르는 여러 가지

머핀이나 컵케이크에 비해 소박한 외향이 귀여운 스콘.
그러나 이들을 발라 구우면 스콘의 표정이 풍부하게 바뀌어요.
마무리에 따라 달라지는 모습을 보는 것도 소소한 재미랍니다.

바르지 않은 것

아무것도 바르지 않고 구운 스콘입니다. 이 책에서 소개
하는 대부분의 스콘은 아무것도 바르지 않았어요. 어쩐지
소박하고 친근한 느낌이 들어요.

우유

윤기가 살짝 흘러 맛있어 보이는 스콘입니다.
반죽 표면에 우유를 손가락으로 바르면 끝이에요.
솔은 그다지 위생적이지 않은 것 같아서 저는 손가락으로
쓱싹 발랐어요.

달걀

달걀 1/2개분을 사용하는 반죽이라면 남은 달걀을 반죽
표면에 손가락으로 발라 구워도 좋습니다. 이때, 달걀은
잘 풀어줘야 해요. 반죽을 컵으로 둥글게 찍어내서 구운
스콘에 특히 잘 어울려요.

물과 그래뉴당

그래뉴당을 솔솔 뿌려 구워 단맛과 식감을 살린 스콘입
니다. 반죽 표면에 손가락으로 가볍게 물을 바른 다음 그래
뉴당을 뿌려서 구워 주세요. 스콘 1개에 그래뉴당 1/2작은
술, 다소 넉넉하게 뿌려주는 것이 포인트예요. 담백한 스콘
에 사용해 주세요.

Part 1

풍미가 깊은 버터
스콘 & 비스킷

버터를 넣어 만드는 3가지 기본 스콘과 기본 스콘을 변형하여 만들
수 있는 다양한 응용 스콘을 소개할게요.
요거트와 우유를 넣어 산뜻한 소프트 버터 스콘과 버터를 큼직하게
잘라 넣은 바삭바삭한 파이풍 스콘, 겉은 바삭하고 속은 폭신폭신한
케이크풍 비스킷을 담았어요.
스콘 하나만 먹어도 맛있고, 크림이나 잼을 발라 먹으면 다양한 맛
으로 즐길 수 있어요. 커피나 홍차와 함께라면 금상첨화지요.
어떻게 먹어도 맛있어서 제가 가장 좋아하는 스콘 레시피랍니다.

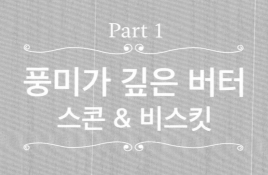

Butter

① 산뜻한 소프트 버터 스콘

요거트와 우유를 넣어 수분감을 더한 스콘입니다.

전체 수분량이 변하지 않는다면 우유만으로 만들어도 좋고 달걀을 추가해도 괜찮아요.

요거트의 산미 덕분에 부드럽고 가벼운 식감으로 완성됩니다.

버터를 완전히 으깨지 않는 것이 맛의 비법이에요.

재 료 (4.5cm 크기 8개 분량)

◈ 가루 재료
- · 박력분 150g
- · 수수설탕 2큰술
- · 베이킹파우더 1과 1/2작은술

◈ 무염 버터 40g

◈ 플레인 요거트 50g

◈ 우유 1과 1/2큰술

미 리 준 비 하 기

▷ 버터는 2cm 크기로 깍둑썰기 한 다음 냉장실에 두어 차갑게 만든다.

▷ 요거트와 우유는 섞는다.

▷ 오븐 틀에 오븐 시트를 깐다.

▷ 오븐을 200℃로 예열한다.

❶ 가루와 버터 넣어 섞기

볼에 가루 재료를 넣고 거품기로 가볍게 섞는다.

* 체 치는 과정 대신이에요. 가루가 뭉친 곳이 없도록 섞어 주세요.

차가운 버터를 넣고 스크래퍼로 자르듯 섞는다.

버터가 팥알 정도의 크기가 되면,

❸ 밀대로 반죽을 편 후 자르기

손으로 몇 차례 접으면서 한 덩어리로 만든다.

* 치대지 않도록 주의해 주세요. 가루기가 남아 있어도 괜찮아요.

반죽을 박력분(분량 외)을 뿌린 도마에 올린 다음 밀대로 가볍게 밀어 편다.

* 반죽이 밀대에 들러붙으면 반죽 위에도 박력분을 뿌려주세요.

세로, 가로 순서로 접어 1/4 크기로 만든다.

* 반죽을 접으면 버터가 층이 생겨 구웠을 때 풀어 오르기 쉬워져요.

❷ 요거트+우유 넣어 섞기

양손으로 전체를 가볍게 비비고, 큰 덩어리
는 손가락으로 찢는다.

* 버터가 녹지 않도록 빠르게 작업하는 것이 요
  령이에요.

버터와 가루 재료가 골고루 섞여
사진처럼 어우러졌다면 완성.

요거트와 우유를 섞어 넣고,

스크래퍼로 가루를 위에 덮으면
서 자르듯 섞는다.

❹ 굽기

반죽을 랩으로 싼 다음 2cm 두께(완성 사
이즈: 가로 8× 세로 16cm 정도)가 될 때까지
밀대로 편다.

* 미리 완성 사이즈에 맞추어 랩을 싸 두면 필
  요 이상으로 반죽이 늘어나는 것을 방지할 수
  있어요.

반죽을 가로로 두고, 나이프로 4×2
개로 자른다.

반죽을 오븐 틀에 일정한 간격을
두고 올린 다음 200℃ 오븐에서
노릇노릇한 갈색이 될 때까지 15
분 정도 굽는다. 갓 구워 따끈따
끈할 때 먹는다.

폭신폭신한 케이크풍 비스킷

하와이에서 먹었던 스콘의 맛을 재현한 비스킷입니다.
겉은 바삭하고, 속은 폭신폭신해서 정말 맛있었어요.
오래도록 기억에 남았던 맛을 그대로 살려 많은 이에게 전하고 싶은 비스킷.
케이크나 머핀에 가까운 맛이에요.

재 료 (지름 6cm 크기 8개 분량)

◈ 가루 재료
　· 박력분 150g
　· 수수설탕 2큰술
　· 베이킹파우더 1과 1/2 작은술

◈ 무염 버터 50g

◈ 플레인 요거트 100g

◈ 달걀 1/2개

◈ 밀크 아이싱
　· 설탕 4큰술
　· 우유 1작은술

미 리 　준 비 하 기

▷ 요거트는 키친페이퍼를 올린 차거름망에
　올려, 1시간 정도 수분을 날려서 50g 정도로
　만든 다음 달걀과 섞는다.

▷ 버터는 2cm 크기로 깍둑썰기 한 다음
　냉장실에 두어 차갑게 만든다.

▷ 오븐 틀에 오븐 시트를 깐다.

▷ 오븐을 200℃로 예열한다.

❶ 가루와 버터 넣어 섞기

볼에 가루 재료를 넣고 거품기로 가볍게 섞는다.

차가운 버터를 넣고 스크래퍼로 자르듯 섞는다.

버터가 팥알 정도의 크기가 되면, 양손으로 전체를 가볍게 비비고 큰 덩어리는 손가락으로 찢는다.

❷ 요거트+달걀 넣어 섞고 접기

요거트와 달걀 섞은 것을 넣고, 스크래퍼로 자르듯 섞는다.

반죽을 손으로 몇 차례 접으면서 한 덩어리로 만든다.
* 치대지 않도록 주의해 주세요.

❸ 동그랗게 만들어 굽기

반죽을 8등분한 후 손으로 동그랗게 만든다.
* 손에 박력분을 묻혀두면 반죽이 들러붙지 않아요.

반죽을 오븐 틀에 일정한 간격을 두고 올린 다음 200℃ 오븐에서 노릇노릇한 갈색이 될 때까지 12분 정도 굽는다.

❹ 아이싱 뿌리기

스콘이 식으면, 아이싱 재료를 걸쭉하게 섞어 뿌린다.

3

바삭바삭한 파이풍 스콘

버터를 적당히 큼지막하게 잘라서 섞으면,
파이처럼 층이 있는 스콘으로 만들어집니다.
반죽을 밀대로 밀어 편 후에도 버터 덩어리가 남아 있으므로
버터 덩어리가 가루 재료와 섞이도록 접어주세요.
바삭바삭한 식감이 맛있는 새로운 스타일의 스콘이에요.

재 료 (10cm 길이 6개 분량)

◇ 가루 재료
　· 박력분 150g
　· 수수설탕 1큰술
　· 베이킹파우더 1과 1/2 작은술

◇ 무염 버터 50g

◇ 우유 50mL

◇ 플레인 요거트 2큰술

미 리 준 비 하 기

▷ 버터는 2cm 크기로 깍둑썰기 한 다음
　냉장실에 두어 차갑게 만든다.

▷ 우유와 요거트는 섞는다.

▷ 오븐 틀에 오븐 시트를 깐다.

▷ 오븐을 200℃로 예열한다.

❶ 박력분과 버터 섞기

볼에 가루 재료를 넣고 거품
기로 가볍게 섞는다. 차가운
버터를 넣고 스크래퍼로 자르
듯 섞는다.

❷ 우유+요거트 넣어 섞기

버터가 1cm 정도의 크기가
되면 우유와 요거트 섞은 것
을 넣고, 스크래퍼로 자르듯
섞는다.

* 버터의 형태가 남아 있어도
　괜찮아요.

랩을 길게 2장 잘라 십자가
모양으로 교차하여 겹치고
반죽을 올린다.

* 아직 가루기가 남아 있어도 괜
　찮아요. 남은 가루도 반죽 위
　에 올려 주세요.

❸ 반죽 접기

랩을 접어 반죽을 감싼 다음
밀대를 사용하여 5mm 두께
로 편다.

랩을 벗기고 세로, 가로 순서
로 한 번씩 접어 1/4 크기로
만든다. 반죽을 다시 랩으로
감싸고 밀대로 펴서, 버터 덩
어리가 작아지고 가루 재료
와 어우러져 한 덩어리가 되
도록 만든다.

* 반죽이 끈적끈적하다면 이 작
　업을 한 번 더 반복해 주세요.

❹ 잘라서 굽기

랩을 벗기고, 밀대를 사용하
여 1.5cm 두께(가로 14×세로
20cm 정도)로 편다.

* 반죽이 밀대에 들러붙으면 반
　죽 위에 박력분을 뿌려 주세요.

반죽을 가로 방향으로 반을 접
는다.

나이프로 반죽을 3조각으로
자른 다음 대각선으로 반을
자른다. 반죽을 오븐 틀에 일
정한 간격을 두고 올린 다음,
200℃ 오븐에서 노릇노릇한
갈색이 될 때까지 15분 정도
굽는다.

Butter

버터로 만들 수 있는 다양한 스콘과 비스킷을 소개합니다.

3가지 기본 스콘을 베이스로 여러 가지 재료를 더하면

다양한 스콘과 비스킷이 끊임없이 탄생합니다.

반죽에 마블 모양을 넣거나, 돌돌 말아 롤 스콘으로 만들 수도 있어요.

아이싱을 뿌리거나, 아이스크림 또는 다양한 크림을 넣어

샌드나 케이크 스타일의 스콘도 만들 수 있답니다.

여러분의 취향에 맞추어 만들어 주세요.

1
바나나 스콘 [소프트]

요거트 대신 으깬 바나나와 레몬즙을 넣어 상큼함을 더한 스콘.
자른 호두와 아몬드, 피칸 등 견과류를 올려서 굽거나,
다 구워진 후에 메이플 버터를 얹어 먹어도 맛있어요.
박력분의 1/3 양을 전립분으로 바꾸면 색다른 맛을 느낄 수 있답니다.

레시피⇒42쪽

2

홍차 스콘 소프트

홍차 잎과 홍차액을 넣어 만들어 향긋한 스콘
홍차는 향이 강한 얼그레이를 꼭 사용해 주세요.
쉽게 구하고 사용할 수 있는 티백을 추천합니다.
럼 레이즌을 넣어서 만들어도 맛있고,
다 구운 후에 허니 버터를 발라 먹어도 맛있어요.
레시피⇒43쪽

3

단호박 스콘 소프트

단호박의 수분으로 반죽이 끈적거릴 수 있으므로
다른 스콘보다 조금 더 길게 구웠어요.
만약 탈 것 같다면 온도를 조금 낮춰주세요
레시피대로 심플하게 만들어 먹어도 맛있지만,
초코칩이나 건포도를 넣으면 달콤한 과자처럼 만들어져요
레시피⇒44쪽

4

통밀 허니 스콘 소프트

설탕 대신 꿀을 넣어서 촉촉한 식감으로 완성됩니다.
전립분은 소량을 넣기 때문에
강력분 타입과 박력분 타입, 어떤 것을 사용해도 상관없어요.
저는 강력분 타입을 사용했을 때의 식감이 마음에 들었어요.

레시피⇒45쪽

5

초코와 호두 스콘 소프트

평소 좋아하는 맛의 초콜릿으로 만들어 주세요.
초콜릿의 존재감이 느껴지는 것이 맛있기 때문에,
약간 크게 자르는 것을 추천합니다.

레시피⇒46쪽

6

코코아 마블 스콘 소프트

코코아 페이스트를 마블 모양으로 나타낸 스콘.
마지막 단계에서 너무 많이 반죽하면
마블 모양이 희미해지고 코코아 맛이 옅어지기 때문에
적당히 반죽하는 것이 포인트.
레시피⇒47쪽

7

캐러멜 마블 스콘 소프트

캐러멜이 반죽 밖으로 적당히 빠져나오게 만들어 주세요.
바삭바삭하게 태워진 캐러멜이 일품인 스콘이 된답니다.
캐러멜 크림이 굳어 딱딱해지면
마블 모양이 드러나지 않으니까 주의해 주세요.
레시피⇒48쪽

8

딸기 쇼트케이크 스콘 소프트

바삭바삭한 비스킷 사이에 휘핑크림과 딸기를 넣었어요.
미국에서는 이런 과자를 쇼트케이크라고 부른답니다.
눈으로는 아기자기함을, 입으로는 달콤함을 느낄 수 있어요.
반죽을 굽기 전에 냉동실에 30분 정도 재워두는 것이 비법입니다.

레시피⇒49쪽

9
영국풍 스콘 [소프트]

영국의 어느 호텔에서 나올 것만 같은 클래식한 스콘.
버터를 아주 잘게 찢어 가루 재료와 제대로 섞으면
치밀하고 매끄러운 식감으로 만들어집니다.

레시피⇒50쪽

10
소프트 비스킷 [케이크]

버터를 생크림으로 바꾸면 더욱 부드럽게 구워집니다.
표면은 바삭하고 속은 폭신폭신해요.
가루설탕을 뿌리고 케이크처럼 잘라 드세요.

레시피⇒51쪽

11
사과와 오트밀 비스킷 케이크
버터로 진하게 소테한 사과와
바삭한 식감의 오트밀을 섞어 넣었어요.
요거트 아이싱으로 산미를 더하면 특별한 맛이 느껴진답니다.
레시피⇒52쪽

12
바나나와 크림치즈 비스킷 케이크
크림치즈는 큼직하게 잘라 넣어주세요.
반죽 겉으로 나와 스르륵 흐르는 정도여도 좋아요.
바나나의 맛과 식감을 더 즐기고 싶다면
작게 잘라 반죽 마지막 과정에 넣어주세요.
레시피⇒53쪽

13

블루베리 비스킷 [케이크]

과일의 수분이 더해져서 촉촉한 비스킷.
시간이 지나도 쉽게 굳어지지 않는 반죽으로 만들었습니다.
레몬 껍질 간 것을 넣으면 더욱 맛있어요.
아이싱을 만들 때 사용하는 블루베리잼은 과육이 적은 타입을 추천해요.

레시피⇒54쪽

14
잼 롤 스콘 [파이]
라즈베리, 블루베리, 살구 등
새콤달콤한 맛의 잼이라면 무엇이든 어울려요.
파이풍으로 만들어진 반죽이 바삭바삭해서 더욱 맛있는 스콘.
레시피⇒55쪽

15
시나몬 롤 스콘 [파이]
아이싱을 뿌리고 시나몬 롤처럼 만든 스콘.
크림치즈 아이싱도 추천합니다.
꿀이나 메이플 시럽을 뿌려도 맛있어요.
레시피⇒56쪽

16
말차 팥앙금 롤 스콘 [파이]
말차 때문인지 삶은 팥앙금 때문인지
이 스콘은 다른 스콘보다 폭신폭신하고 통통해요.
마치 빵처럼요. 말차 없이 팥앙금만 넣어 말아도 맛있어요.
레시피⇒57쪽

17
흑설탕 호두 롤 스콘 [파이]
흑설탕은 덩어리진 것을 부숴서 사용하면
특유의 아삭아삭한 식감과 고소함을 즐길 수 있어요.
분말 설탕을 사용해도 괜찮아요.
레시피⇒58쪽

18

레몬 파이 스콘 파이

레몬 껍질을 살짝 익혀 만든 마멀레이드를 끼워 넣은
바삭바삭한 식감의 파이풍 스콘.
표면에 그래뉴당을 뿌려서 와삭와삭하게 굽는 것이 포인트예요.

레시피⇒59쪽

19

커피 스콘과 바나나 크림 샌드 파이

럼주를 넣은 생크림을 올린 어른스러운 맛의 스콘.
설탕의 양을 줄여 단맛도 조절했어요.
달게 먹고 싶다면 녹인 초콜릿을 듬뿍 뿌려 주세요.

레시피⇒60쪽

1. 바나나 스콘 <u>소프트</u>

재 료 (4.5cm 크기 8개 분량)

◈ **가루 재료**
- 박력분 150g
- 수수설탕 2큰술
- 베이킹파우더 1과 1/2작은술

◈ **무염 버터 40g**

◈ **A**
- 바나나 작은 크기 1개(과육 80g)
- 레몬즙 1작은술
- 우유 2큰술

미 리 준 비 하 기

▷ 버터는 2cm 크기로 깍둑썰기 한 다음
냉장실에 두어 차갑게 만든다.

▷ **A 만들기** 바나나는 레몬즙을 뿌린 후 포크로
으깨고(@), 우유와 섞는다.

▷ 오븐 틀에 오븐 시트를 깐다.

▷ 오븐을 200℃로 예열한다.

만 드 는 방 법

❶ 볼에 가루 재료를 넣고 거품기로 가볍게 섞는
다. 차가운 버터를 넣고 스크래퍼로 자르듯 섞
는다. 버터가 팥알 정도의 크기가 되면, 양손
으로 전체를 가볍게 비비고, 큰 덩어리는 손
가락으로 찢는다. 버터와 가루 재료를 골고루
섞는다.

❷ A(으깬 바나나+우유)를 넣고, 스크래퍼로 가루
를 위에 덮으며 자르듯 섞는다. 반죽을 손으로
몇 차례 접으면서 한 덩어리로 만든다.

❸ 반죽을 박력분(분량 외)을 뿌린 도마에 올려놓
고 밀대로 편다. 1/4 크기로 접은 다음, 2cm 두
께(가로 8×세로 16cm 정도)로 편다. 반죽을 가
로로 두고, 나이프로 4×2개로 자른다.

❹ 반죽을 오븐 틀에 일정한 간격을 두고 올린 다
음 200℃ 오븐에서 노릇노릇한 갈색이 될 때
까지 15분 정도 굽는다.

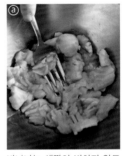

바나나는 색깔이 변하지 않도
록 레몬즙을 뿌린 다음 포크로
잘게 으깬다. 레몬의 은은한
신맛이 포인트가 되고, 식감도
가볍게 완성된다.

Tip!
취향에 따라 메이플 버터(14쪽 참조)를 더하거나
자른 호두, 아몬드, 피칸 등을 올려서 구워도 맛있어요.

2. 홍차 스콘 소프트

재 료 (4.5cm 크기 8개 분량)

◈ 가루 재료
· 박력분 150g
· 수수설탕 2큰술
· 베이킹파우더 1과 1/2작은술
· 홍차잎 2g 또는 티백 1봉

◈ 무염 버터 40g

◈ 플레인 요거트 50g

◈ 홍차액
· 뜨거운 물 80mL
· 홍차 잎 2g 또는 티백 1봉

미 리 준 비 하 기

▷ **홍차액 만들기** 뜨거운 물에 홍차 잎을 넣어서 식힌 후, 차거름망에 대고 꼭 짜서 홍차액을 만든다(ⓐ).

▷ 버터는 2cm 크기로 깍둑썰기 한 다음 냉장실에 두어 차갑게 만든다.

▷ 오븐 틀에 오븐 시트를 깐다.

▷ 오븐을 200℃로 예열한다.

만 드 는 방 법

❶ 볼에 가루 재료를 넣고 거품기로 가볍게 섞는다. 차가운 버터를 넣고 스크래퍼로 자르듯 섞는다. 버터가 팥알 정도의 크기가 되면, 양손으로 전체를 가볍게 비비고, 큰 덩어리는 손가락으로 찢는다. 버터와 가루 재료를 골고루 섞는다.

❷ 요거트와 홍차액(3큰술)을 넣고, 스크래퍼로 가루를 위에 덮으며 자르듯 섞는다. 반죽을 손으로 몇 차례 접으면서 한 덩어리로 만든다.

❸ 반죽을 박력분(분량 외)을 뿌린 도마에 올려놓고 밀대로 편다. 1/4 크기로 접은 다음, 2cm 두께(가로 8×세로 16cm 정도)로 편다. 반죽을 가로로 두고, 나이프로 4×2개로 자른다.

❹ 반죽을 오븐 틀에 일정한 간격을 두고 올린 다음 200℃ 오븐에서 노릇노릇한 갈색이 될 때까지 15분 정도 굽는다.

 Tip!
● 홍차는 되도록 향이 강한 얼그레이를 사용해 주세요.
● 취향에 따라 허니 버터(14쪽 참조)를 바르거나 럼 레이즌을 넣어도 맛있어요.

3. 단호박 스콘 [소프트]

재 료 (4.5cm 크기 8개 분량)

◈ 가루 재료
- 박력분 150g
- 수수설탕 2큰술
- 베이킹파우더 1과 1/2작은술

◈ 무염 버터 40g

◈ 단호박 정미 100g

◈ 플레인 요거트 2큰술

미 리 준 비 하 기

▷ 단호박은 씨와 꼭지를 제거하고, 껍질을 군데군데 벗긴다. 전자레인지(600W)에 3분 가열한 다음 포크로 잘게 으깬다(ⓐ).

▷ 버터는 2cm 크기로 깍둑썰기 한 다음 냉장실에 두어 차갑게 만든다.

▷ 오븐 틀에 오븐 시트를 깐다.

▷ 오븐을 200℃로 예열한다.

만 드 는 방 법

❶ 볼에 가루 재료를 넣고 거품기로 가볍게 섞는다. 차가운 버터를 넣고 스크래퍼로 자르듯 섞는다. 버터가 팥알 정도의 크기가 되면, 양손으로 전체를 가볍게 비비고, 큰 덩어리는 손가락으로 찢는다. 버터와 가루 재료를 골고루 섞는다.

❷ 으깬 단호박과 요거트를 넣고, 스크래퍼로 가루를 위에 덮으며 자르듯 섞는다. 반죽을 손으로 몇 차례 접으면서 한 덩어리로 만든다.

❸ 반죽을 박력분(분량 외)을 뿌린 도마에 올려놓고 밀대로 편다. 1/4 크기로 접은 다음, 2cm 두께(가로 8×세로 16cm정도)로 편다. 반죽을 가로로 두고, 나이프로 4×2개로 자른다.

❹ 반죽을 오븐 틀에 일정한 간격을 두고 올린 다음 200℃ 오븐에서 노릇노릇한 갈색이 될 때까지 20분 정도 굽는다.

> **Tip!**
> 다진 호두나 아몬드, 피칸 등 견과류나
> 초코칩, 건포도를 얹어 구워도 맛있어요.

4. 통밀 허니 스콘 소프트

재 료 (4.5cm 크기 8개 분량)

◈ 가루 재료
- · 박력분 120g
- · 전립분(ⓐ) 40g
- · 베이킹파우더 1과 1/2작은술

◈ 무염 버터 40g

◈ 플레인 요거트 50g

◈ 꿀, 우유 각 2큰술

미 리 준 비 하 기

▷ 버터는 2cm 크기로 깍둑썰기 한 다음 냉장실에 두어 차갑게 만든다.

▷ 요거트와, 꿀, 우유는 섞는다.

▷ 오븐 틀에 오븐 시트를 깐다.

▷ 오븐을 200℃로 예열한다.

만 드 는 방 법

❶ 볼에 가루 재료를 넣고 거품기로 가볍게 섞는다. 차가운 버터를 넣고 스크래퍼로 자르듯 섞는다. 버터가 팥알 정도의 크기가 되면, 양손으로 전체를 가볍게 비비고, 큰 덩어리는 손가락으로 찢는다. 버터와 가루 재료를 골고루 섞는다.

❷ 요거트와 꿀, 우유 섞은 것을 넣고, 스크래퍼로 가루를 위에 덮으며 자르듯 섞는다. 반죽을 손으로 몇 차례 접으면서 한 덩어리로 만든다.

❸ 반죽을 박력분(분량 외)을 뿌린 도마에 올려놓고 밀대로 편다. 1/4 크기로 접은 다음, 2cm 두께(가로 8×세로 16cm정도)로 편다. 반죽을 가로로 두고, 나이프로 4×2개로 자른다.

❹ 반죽을 오븐 틀에 일정한 간격을 두고 올린 다음 200℃ 오븐에서 노릇노릇한 갈색이 될 때까지 15분 정도 굽는다.

밀가루를 배아나 밀기울째 빻은 전립분. 강력분과 박력분 타입이 있으며, 이 레시피에서는 어느 쪽을 사용해도 괜찮다.

5. 초코와 호두 스콘 소프트

재 료 (4.5cm 크기 8개 분량)

◈ 가루 재료
- · 박력분 150g
- · 수수설탕 2큰술
- · 베이킹파우더 1과 1/2작은술

◈ 무염 버터 40g

◈ 플레인 요거트 50g

◈ 우유 1과 1/2큰술

◈ 판 초콜릿 1/2장(25g)

◈ 호두 30g

미 리   준 비 하 기

▷ 버터는 2cm 크기로 깍둑썰기 한 다음 냉장실에 두어 차갑게 만든다.

▷ 판 초콜릿과 호두는 적당한 크기로 쪼갠다 (ⓐ).

▷ 요거트와 우유는 섞는다.

▷ 오븐 틀에 오븐 시트를 깐다.

▷ 오븐을 200℃로 예열한다.

만 드 는   방 법

❶ 볼에 가루 재료를 넣고 거품기로 가볍게 섞는다. 차가운 버터를 넣고 스크래퍼로 자르듯 섞는다. 버터가 팥알 정도의 크기가 되면, 양손으로 전체를 가볍게 비비고, 큰 덩어리는 손가락으로 찢는다. 버터와 가루 재료를 골고루 섞는다.

❷ 요거트와 우유 섞은 것을 넣고, 스크래퍼로 가루를 위에 덮으며 자르듯 섞는다. 초콜릿과 호두를 넣고 섞은 다음 반죽을 손으로 몇 차례 접으면서 한 덩어리로 만든다.

❸ 반죽을 박력분(분량 외)을 뿌린 도마에 올려놓고 밀대로 편다. 1/4 크기로 접은 다음, 2cm 두께(가로 8×세로 16cm 정도)로 편다. 반죽을 가로로 두고, 나이프로 4×2개로 자른다.

❹ 반죽을 오븐 틀에 일정한 간격을 두고 올린 다음 200℃ 오븐에서 노릇노릇한 갈색이 될 때까지 15분 정도 굽는다.

6. 코코아 마블 스콘 소프트

재 료 (4.5cm 크기 8개 분량)

◈ **가루 재료**
- · 박력분 150g
- · 수수설탕 2큰술
- · 베이킹파우더 1과 1/2작은술

◈ **무염 버터 40g**

◈ **플레인 요거트 50g**

◈ **우유 1과 1/2큰술**

◈ **코코아 페이스트**
- · 코코아 파우더 2큰술
- · 우유 1큰술
- · 수수설탕 1/2큰술

미 리 준 비 하 기

▷ 버터는 2cm 크기로 깍둑썰기 한 다음
  냉장실에 두어 차갑게 만든다.

▷ 요거트와 우유는 섞는다.

▷ **코코아 페이스트 만들기** 코코아 파우더와
  우유, 수수설탕은 스푼으로 섞는다.

▷ 오븐 틀에 오븐 시트를 깐다.

▷ 오븐을 200℃로 예열한다.

만 드 는 방 법

❶ 볼에 가루 재료를 넣고 거품기로 가볍게 섞는
  다. 차가운 버터를 넣고 스크래퍼로 자르듯 섞
  는다. 버터가 팥알 정도의 크기가 되면, 양손
  으로 전체를 가볍게 비비고, 큰 덩어리는 손
  가락으로 찢는다. 버터와 가루 재료를 골고루
  섞는다.

❷ 요거트와 우유 섞은 것을 넣고, 스크래퍼로 가
  루를 위에 덮으며 자르듯 섞는다. 반죽을 손으
  로 몇 차례 접으면서 한 덩어리로 만든다.

❸ 반죽을 박력분(분량 외)을 뿌린 도마에 올려놓
  고 밀대로 편다. 1/4 크기로 접은 다음, 가로세
  로 15cm 정도 크기로 편다. 코코아 페이스트
  를 네 군데에 바르고(ⓐ), 1/4 크기로 접은 다
  음(ⓑ), 다시 페이스트를 세 군데에 바른다(ⓒ
). 페이스트가 드러나도록 반죽 바깥 방향으로
  한 번 접고 밀대로 편다(☆). ☆을 2~3회 반복
  한다. 마블 모양이 나타나면, 밀대로 2cm 두께
  (가로 16×세로 8cm 정도)로 편다(ⓓ). 나이프로
  4×2개로 자른다.

❹ 반죽을 오븐 틀에 일정한 간격을 두고 올린 다
  음 200℃ 오븐에서 노릇노릇한 갈색이 될 때
  까지 15분 정도 굽는다.

Tip!
너무 많이 반죽하면 마블 모양이 희미해지고
코코아 맛이 옅어지므로 적당히 반죽하는 것이 포인트.

7. 캐러멜 마블 스콘 소프트

재 료 (4.5cm 크기 8개 분량)

◈ 가루 재료
· 박력분 150g
· 수수설탕 2큰술
· 베이킹파우더 1과 1/2작은술

◈ 무염 버터 40g

◈ 플레인 요거트 50g

◈ 우유 1과 1/2큰술

◈ 캐러멜 크림
· 그래뉴당 30g
· 물 1작은술
· 생크림 2큰술

미 리 준 비 하 기

▷ 버터는 2cm 크기로 깍둑썰기 한 다음
　냉장실에 두어 차갑게 만든다.

▷ 요거트와 우유는 섞는다.

▷ 오븐 틀에 오븐 시트를 깐다.

▷ 오븐을 200℃로 예열한다.

만 드 는 방 법

❶ **캐러멜 크림 만들기** 작은 냄비에 그래뉴당과 물을 넣어 가볍게 섞고 중불에 올린다. 가장자리가 갈색으로 변하면 주걱으로 가볍게 섞고, 전체가 캐러멜 색이 되면 불을 끈다(ⓐ). 남은 열기로 인해 진한 갈색이 되면 생크림을 섞고, 다른 용기에 옮겨서 식힌다.

　* 너무 식으면 굳어져서 반죽에 바르기 힘들어져요. 적당한 온도로 식혀 주세요.

❷ 볼에 가루 재료를 넣고 거품기로 가볍게 섞는다. 차가운 버터를 넣고 스크래퍼로 자르듯 섞는다. 버터가 팥알 정도의 크기가 되면, 양손으로 전체를 가볍게 비비고, 큰 덩어리는 손가락으로 찢는다. 버터와 가루 재료를 골고루 섞는다.

❸ 요거트와 우유 섞은 것을 넣고, 스크래퍼로 가루를 위에 덮으며 자르듯 섞는다. 반죽을 손으로 몇 차례 접으면서 한 덩어리로 만든다.

❹ 반죽을 박력분(분량 외)을 뿌린 도마에 올려놓고 밀대로 편다. 1/4 크기로 접은 다음, 가로세로 15cm 정도 크기로 편다. 캐러멜 크림을 네 군데에 바르고 1/4 크기로 접은 다음, 다시 페이스트를 세 군데에 바른다. 캐러멜 크림이 드러나도록 반죽 바깥 방향으로 한 번 접고 밀대로 편다(☆). ☆을 2~3회 반복한다. 마블 모양이 나타나면, 밀대로 2cm 두께(가로 16×세로 8cm 정도)로 편다(47쪽 사진 참조). 나이프로 4×2개로 자른다.

❺ 반죽을 오븐 틀에 일정한 간격을 두고 올린 다음 200℃ 오븐에서 노릇노릇한 갈색이 될 때까지 15분 정도 굽는다.

8. 딸기 쇼트케이크 스콘 소프트

재 료 (지름 8cm 크기 4개 분량)

◈ 가루 재료
- · 박력분 150g
- · 수수설탕 1큰술
- · 베이킹파우더 1작은술

◈ 무염 버터 50g

◈ A
- · 달걀 1/2개분
- · 생크림 50mL
- · 우유 2큰술

◈ 딸기, 생크림, 수수설탕,
  가루설탕 적당량

미 리 준 비 하 기

▷ 버터는 2cm 크기로 깍둑썰기 한 다음
  냉장실에 두어 차갑게 만든다.

▷ A 만들기 달걀과 생크림, 우유는 섞는다.

▷ 오븐 틀에 오븐 시트를 깐다.

▷ 오븐을 200℃로 예열한다.

만 드 는 방 법

❶ 볼에 가루 재료를 넣고 거품기로 가볍게 섞는
  다. 차가운 버터를 넣고 스크래퍼로 자르듯 섞
  는다. 버터가 팥알 정도의 크기가 되면, 양손
  으로 전체를 가볍게 비비고, 큰 덩어리는 손
  가락으로 찢는다. 버터와 가루 재료를 골고루
  섞는다.

❷ A(달걀+생크림+우유)를 넣고, 스크래퍼로 가루
  를 위에 덮으며 자르듯 섞는다. 반죽을 손으로
  몇 차례 접으면서 한 덩어리로 만든다.

❸ 반죽을 박력분(분량 외)을 뿌린 도마에 올려놓
  고 밀대로 편다. 1/4 크기로 접은 다음 2cm 두
  께로 편다. 유리컵(지름 7.5cm)을 사용하여 반
  죽을 4개 찍어내고(105쪽 참조), 냉동실에 30
  분(또는 냉장실에 1시간) 이상 휴지시킨다.

❹ 반죽을 오븐 틀에 일정한 간격을 두고 올린 다
  음 200℃ 오븐에서 노릇노릇한 갈색이 될 때
  까지 15분 정도 굽는다.

❺ 스콘이 식으면 반으로 가르고, 사이에 수수설
  탕을 조금 넣어서 거품을 낸 생크림, 반으로 자
  른 딸기 순서로 넣는다. 스콘 위에 생크림과
  딸기를 올리고 가루설탕을 뿌려 마무리한다.

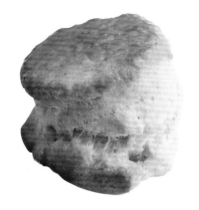

9. 영국풍 스콘 [소프트]

재 료 (지름 5~6cm 크기 7개 분량)

◇ 가루 재료
- 강력분 150g
- 수수설탕 25g
- 베이킹파우더 1큰술

◇ 무염 버터 20g

◇ A
- 달걀 1/2개분
  * 남은 것은 표면 윤기 내는 데 사용
- 생크림 50mL
- 우유 2큰술

미 리 준 비 하 기

▷ 버터는 2cm 크기로 깍둑썰기 한 다음 냉장실에 두어 차갑게 만든다.

▷ A 만들기 달걀과 생크림, 우유는 섞는다.

▷ 오븐 틀에 오븐 시트를 깐다.

만 드 는 방 법

❶ 볼에 가루 재료를 넣고 거품기로 가볍게 섞는다. 차가운 버터를 넣고 스크래퍼로 자르듯 섞는다. 버터가 팥알 정도의 크기가 되면, 양손으로 전체를 가볍게 비비고, 큰 덩어리는 손가락으로 찢는다. 버터와 가루 재료를 골고루 섞는다.

❷ A(달걀+생크림+우유)를 넣고, 스크래퍼로 가루를 위에 덮으며 자르듯 섞는다. 반죽을 손으로 몇 차례 접으면서 한 덩어리로 만든다.

❸ 반죽을 박력분(분량 외)을 뿌린 도마에 올려놓고 밀대로 편다. 1/4 크기로 접은 다음 냉동실에 30분 이상 휴지시킨다.

❹ 반죽을 밀대로 2cm 두께로 편다. 유리컵(지름 5~6cm)을 사용하여 반죽을 7개 찍어내고(105쪽 참조), 냉동실에서 20분(또는 냉장실에서 1시간) 이상 휴지시킨다. 오븐을 200℃로 예열한다.

❺ 반죽을 오븐 틀에 일정한 간격을 두고 올린 다음 표면에 남은 달걀 적당량을 바르고, 200℃ 오븐에서 노릇노릇한 갈색이 될 때까지 15분 정도 굽는다.

> **Tip!** 취향에 따라 클로티드 크림(우유로 만든 스프레드 타입의 뻑뻑한 크림)이나 라즈베리잼을 발라 먹어도 좋아요.

10. 소프트 비스킷 케이크

재 료 (지름 6cm 크기 11개 분량)

◈ **가루 재료**
- · 박력분 220g
- · 수수설탕 60g
- · 베이킹파우더 2작은술

◈ **A**
- · 플레인 요거트 100g
- · 생크림 100mL
- · 달걀 1개

◈ **가루설탕 적당량**

만 드 는 방 법

❶ 볼에 가루 재료를 넣고 거품기로 가볍게 섞는
다.

❷ A(요거트+생크림+달걀)를 넣고 고무주걱으로
가볍게 섞는다. 반죽을 손으로 몇 차례 접으면
서 한 덩어리로 만든다.

❸ 반죽을 11등분한 후 손으로 동그랗게 만든다.
반죽을 오븐 틀에 일정한 간격을 두고 올린 다
음 200℃ 오븐에서 노릇노릇한 갈색이 될 때
까지 12분 정도 굽는다.

❹ 스콘이 식으면, 가루설탕을 적당량 뿌린다.

미 리 준 비 하 기

▷ **A 만들기** 요거트는 키친페이퍼를 올린
차거름망에 올려, 1시간 정도 수분을 날
려서 50g 정도로 만든 다음 생크림, 달걀
과 섞는다.

▷ 오븐 틀에 오븐 시트를 깐다.

▷ 오븐을 200℃로 예열한다.

11. 사과와 오트밀 비스킷 케이크

재 료 (지름 6cm 크기 8개 분량)

◈ 가루 재료
- 박력분 150g
- 수수설탕 2큰술
- 베이킹파우더 1과 1/2작은술

◈ 무염 버터 50g

◈ 플레인 요거트 100g

◈ 달걀 1/2개분

◈ 오트밀(ⓐ) 3큰술

◈ 사과 소테
- 사과 작은 크기 1/2개(100g)
  - • 홍옥을 추천해요.
- 수수설탕 1큰술
- 무염 버터 1/2큰술

◈ 요거트 아이싱
- 가루설탕 4큰술
- 플레인 요거트 1작은술

미 리 준 비 하 기

▷ 요거트는 키친페이퍼를 올린 차거름망에 올려, 1시간 정도 수분을 날려 50g 정도로 만든 다음 달걀과 섞는다.

▷ 버터는 2cm 크기로 깍둑썰기 한 다음 냉장실에 두어 차갑게 만든다.

▷ 오븐 틀에 오븐 시트를 깐다.

▷ 오븐을 200℃로 예열한다.

만 드 는 방 법

❶ **사과 소테 만들기** 사과는 심을 제거하고 껍질째로 1cm 크기로 깍둑썰기 하고 버터를 녹인 프라이팬에 약한 중불로 볶는다. 설탕을 더해서 수분을 날리고, 남은 열을 식힌다(ⓑ).

❷ 볼에 가루 재료를 넣고 거품기로 가볍게 섞는다. 차가운 버터를 넣고 스크래퍼로 잘게 자르듯 섞는다. 버터가 팥알 정도의 크기가 되면, 양손으로 전체를 가볍게 비비고 큰 덩어리는 손가락으로 찢는다.

❸ 요거트와 달걀 섞은 것, 사과 소테를 넣어 스크래퍼로 자르듯 섞는다. 반죽을 손으로 몇 차례 접으면서 한 덩어리로 만든다.

❹ 반죽 전체에 오트밀을 뿌린다. 반죽을 8등분한 후 손으로 동그랗게 만든다. 반죽을 오븐 틀에 일정한 간격을 두고 올린 다음 200℃ 오븐에서 노릇노릇한 갈색이 될 때까지 12분 정도 굽는다.

❺ 스콘이 식으면, 아이싱 재료를 걸쭉하게 섞은 요거트 아이싱을 뿌린다.

오트밀은 귀리를 눌러서 건조한 것. 바삭바삭한 식감으로 포인트를 줄 수 있다.

사과는 껍질째로 사용하면 예쁜 빨간색의 색감을 살릴 수 있다. 버터로 볶아서 투명하게 변하면 완성.

 Tip!
오트밀이 반죽 바깥쪽으로 나오도록 둥글게 만들어 주세요.
바삭바삭한 식감이 됩니다.

12. 바나나와 크림치즈 비스킷 `케이크`

재 료 (지름 6cm 크기 8개 분량)

◈ 가루 재료
 · 박력분 150g
 · 수수설탕 2큰술
 · 베이킹파우더 1과 1/2작은술

◈ 무염 버터 50g

◈ 달걀 1/2개분

◈ 바나나 1/2개(과육 50g)

◈ 크림치즈 50g

◈ 메이플 아이싱(ⓐ)
 · 가루설탕 3큰술
 · 메이플 시럽 1큰술

미 리 준 비 하 기

▷ 버터는 2cm 크기로 깍둑썰기 한 다음
 냉장실에 두어 차갑게 만든다.

▷ 바나나는 1.5cm 두께로 자르고, 크림치즈
 는 2cm 크기로 깍둑썰기 한다.

▷ 오븐 틀에 오븐 시트를 깐다.

▷ 오븐을 200℃로 예열한다.

만 드 는 방 법

❶ 볼에 가루 재료를 넣고 거품기로 가볍게 섞는
 다. 차가운 버터와 바나나를 넣고 스크래퍼로
 잘게 자르듯 섞는다. 버터가 팥알 정도의 크기
 가 되면, 양손으로 전체를 가볍게 비비고 큰 덩
 어리는 손가락으로 찢는다.

❷ 달걀과 크림치즈를 넣고 스크래퍼로 자르듯
 섞는다. 반죽을 손으로 몇 차례 접으면서 한 덩
 어리로 만든다.

❸ 반죽을 8등분한 후 손으로 동그랗게 만든다.
 반죽을 오븐 틀에 일정한 간격을 두고 올린 다
 음 200℃ 오븐에서 노릇노릇한 갈색이 될 때
 까지 12분 정도 굽는다.

❹ 스콘이 식으면, 아이싱 재료를 걸쭉하게 섞은
 메이플 아이싱을 뿌린다.

재료를 스푼으로 섞어서 걸쭉
하게 만든다.

 Tip! 바나나의 맛과 식감을 더 즐기고 싶다면 작게 잘라 반죽 마지막 과정에 넣어주세요.

13. 블루베리 비스킷 케이크

재 료 (지름 6cm 크기 8개 분량)

◈ **가루 재료**
- 박력분 150g
- 수수설탕 2큰술
- 베이킹파우더 1과 1/2작은술

◈ **무염 버터 50g**

◈ **플레인 요거트 100g**

◈ **달걀 1/2개분**

◈ **블루베리(냉동) 60g**

◈ **블루베리 아이싱**
- 가루설탕 3큰술
- 레몬즙 1/2작은술
- 블루베리잼 1작은술

미 리   준 비 하 기

▷ 요거트는 키친페이퍼를 올린 체망에 올려, 1시간 정도 수분을 날려서 50g을 준비하고, 달걀과 섞는다.

▷ 버터는 2cm 크기로 깍둑썰기 한 다음 냉장실에 두어 차갑게 만든다.

▷ 오븐 틀에 오븐 시트를 깐다.

▷ 오븐을 200℃로 예열한다.

만 드 는   방 법

❶ 볼에 가루 재료를 넣고 거품기로 가볍게 섞는다. 차가운 버터를 넣고 스크래퍼로 잘게 자르듯 섞는다. 버터가 팥알 정도의 크기가 되면, 양손으로 전체를 가볍게 비비고 큰 덩어리는 손가락으로 찢는다.

❷ 요거트와 달걀 섞은 것을 넣어 스크래퍼로 자르듯 섞는다. 블루베리(냉동)도 넣고 반죽을 손으로 몇 차례 접으면서 한 덩어리로 만든다.

❸ 반죽을 8등분한 후 손으로 동그랗게 만든다. 반죽을 오븐 틀에 일정한 간격을 두고 올린 다음 200℃ 오븐에서 노릇노릇한 갈색이 될 때까지 12분 정도 굽는다.

❹ 스콘이 식으면, 아이싱 재료를 걸쭉하게 섞은 블루베리 아이싱을 뿌린다.

Tip! 레몬 껍질 간 것 1/4개분을 넣으면 더욱 맛있어요.

14. 잼 롤 스콘 _{파이}

재 료 (지름 6cm 크기 9~10개 분량)

◈ 가루 재료
- · 박력분 150g
- · 수수설탕 1큰술
- · 베이킹파우더 1과 1/2작은술

◈ 무염 버터 50g

◈ 우유 50mL

◈ 플레인 요거트 2큰술

◈ 라즈베리잼 3큰술

미 리 준 비 하 기

▷ 버터는 2cm 크기로 깍둑썰기 한 다음 냉장실에 두어 차갑게 만든다.

▷ 우유와 요거트는 섞는다.

▷ 오븐 틀에 오븐 시트를 깐다.

만 드 는 방 법

❶ 볼에 가루 재료를 넣고 거품기로 가볍게 섞는다. 차가운 버터를 넣고 스크래퍼로 1cm 크기로 자르듯 섞는다.

❷ 우유와 요거트 섞은 것을 넣고, 스크래퍼로 가루를 위에 덮으면서 자르듯 섞는다.
- · 반죽을 냉장실에 하룻밤 동안 휴지시키면 더 탄력 있게 만들어져요.

❸ 반죽을 랩으로 싸서 밀대로 펴고, 랩을 벗기고 반죽을 1/4 크기로 접은 다음 다시 랩으로 싸서 밀대로 편다(27쪽 참조). 버터 덩어리가 작아지고 가루 재료와 어우러져 한 덩어리가 되도록 만든다.
- · 반죽이 끈적끈적하다면 이 작업을 한 번 더 반복해 주세요.

❹ 랩을 벗기고, 밀대를 사용하여 1cm 두께(가로 15×세로 20cm 정도)로 편다. 끝부분을 3cm 정도 남기고 잼을 바르고(ⓐ), 단단하게 돌돌 말아서(ⓑ), 랩으로 싸고 냉동실에 1시간 이상 휴지시킨다.

❺ 오븐을 210℃로 예열한다. 반죽을 나이프로 1.5cm 두께로 자르고(ⓒ), 오븐 틀에 일정한 간격을 두고 올린 다음 210℃ 오븐에서 노릇노릇한 갈색이 될 때까지 15분 정도 굽는다.

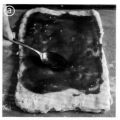

 Tip!
- ● 수분이 많은 잼은 조금 졸인 다음 사용하세요.
- ● 라즈베리, 블루베리, 살구 등 새콤달콤한 맛의 잼이라면 무엇이든 어울려요.

15. 시나몬 롤 스콘 파이

재 료 (지름 6cm 크기 9~10개 분량)

◈ **가루 재료**
- 박력분 150g
- 수수설탕 1큰술
- 베이킹파우더 1과 1/2작은술

◈ **무염 버터 50g**

◈ **우유 50mL**

◈ **플레인 요거트 2큰술**

◈ **시나몬 슈가**
- 시나몬 파우더 1/2작은술
- 수수설탕 2큰술

◈ **밀크 아이싱**
- 가루설탕 4큰술
- 우유 1작은술

미 리 준 비 하 기

▷ 버터는 2cm 크기로 깍둑썰기 한 다음 냉장실에 두어 차갑게 만든다.

▷ 우유와 요거트는 섞는다.

▷ **시나몬 슈가 만들기** 시나몬 파우더와 수수 설탕은 섞는다.

▷ 오븐 틀에 오븐 시트를 깐다.

Tip! 실온에 둔 크림치즈 30g과 가루설탕 4큰술을 섞은 크림치즈 아이싱이나 꿀, 메이플 시럽을 뿌려 먹어도 맛있어요.

만 드 는 방 법

❶ 볼에 가루 재료를 넣고 거품기로 가볍게 섞는다. 차가운 버터를 넣고 스크래퍼로 1cm 크기로 자르듯 섞는다.

❷ 우유와 요거트 섞은 것을 넣고, 스크래퍼로 가루를 위에 덮으면서 자르듯 섞는다.
  - 반죽을 냉장실에 하룻밤 동안 휴지시키면 더 탄력 있게 만들어져요.

❸ 반죽을 랩으로 싸서 밀대로 펴고, 랩을 벗기고 반죽을 1/4 크기로 접은 다음 다시 랩으로 싸서 밀대로 편다(27쪽 참조). 버터 덩어리가 작아지고 가루 재료와 어우러져 한 덩어리가 되도록 만든다.
  - 반죽이 끈적끈적하다면 이 작업을 한 번 더 반복해 주세요.

❹ 랩을 벗기고, 밀대를 사용하여 1cm 두께(가로 15×세로 20cm 정도)로 편다. 끝부분을 3cm 정도 남기고 시나몬 슈가를 뿌린 다음 단단하게 돌돌 말아서 랩으로 싸고 냉동실에 1시간 이상 휴지시킨다.

❺ 오븐을 210℃로 예열한다. 반죽을 나이프로 1.5cm 두께로 자르고, 오븐 틀에 일정한 간격을 두고 올린 다음 210℃ 오븐에서 노릇노릇한 갈색이 될 때까지 15분 정도 굽는다.

❻ 스콘이 식으면, 아이싱 재료를 걸쭉하게 섞은 밀크 아이싱을 뿌린다.

16. 말차 팥앙금 롤 스콘 _{파이}

재 료 (지름 7cm 크기 9~10개 분량)

◈ 가루 재료
  · 박력분 150g
  · 수수설탕 1과 1/2큰술
  · 베이킹파우더 1과 1/2작은술
◈ 무염 버터 50g
◈ A
  · 우유 50mL
  · 플레인 요거트 2큰술
  · 말차 2작은술
  · 물 1큰술
◈ 삶은 팥(통조림) 3과 1/2큰술

미 리 준 비 하 기

▷ 버터는 2cm 크기로 깍둑썰기 한 다음
  냉장실에 두어 차갑게 만든다.

▷ A 만들기 말차는 물에 녹인 다음 우유,
  요거트와 섞는다.

▷ 오븐 틀에 오븐 시트를 깐다.

만 드 는 방 법

❶ 볼에 가루 재료를 넣고 거품기로 가볍게 섞는
  다. 차가운 버터를 넣고 스크래퍼로 1cm 크기
  로 자르듯 섞는다.

❷ A(말차액+우유+요거트)를 넣고, 스크래퍼로 가
  루를 위에 덮으면서 자르듯 섞는다.

  · 반죽을 냉장실에 하룻밤 동안 휴지시키면 더 탄력
    있게 만들어져요.

❸ 반죽을 랩으로 싸서 밀대로 펴고, 랩을 벗기고
  반죽을 1/4 크기로 접은 다음 다시 랩으로 싸
  서 밀대로 편다(27쪽 참조). 버터 덩어리가 작
  아지고 가루 재료와 어우러져 한 덩어리가 되
  도록 만든다.

  · 반죽이 끈적끈적하다면 이 작업을 한 번 더 반복
    해 주세요.

❹ 랩을 벗기고, 밀대를 사용하여 1cm 두께(가로
  15×세로 20cm 정도)로 편다. 끝부분을 3cm 정
  도 남기고 삶은 팥(ⓐ)을 바른 다음 단단하게
  돌돌 말아서 랩으로 싸고 냉동실에 1시간 이
  상 휴지시킨다.

❺ 오븐을 210℃로 예열한다. 반죽을 나이프로
  1.5cm 두께로 자르고, 오븐 틀에 일정한 간격
  을 두고 올린 다음 210℃ 오븐에서 15분 정도
  굽는다.

ⓐ

홋카이도산 팥에 그래뉴당을
넣어 부드럽게 삶은 팥. 수분
이 적은 것이 말기 쉽다.

Tip!
반죽에 말차를 넣지 않고 팥앙금만 넣어 말아도 맛있어요.

57

17. 흑설탕 호두 롤 스콘 [파이]

재 료 (지름 6cm 크기 9~10개 분량)

◈ 가루 재료
- 박력분 150g
- 수수설탕 1큰술
- 베이킹파우더 1과 1/2작은술

◈ 무염 버터 50g

◈ 우유 50mL

◈ 플레인 요거트 2큰술

◈ 흑설탕(ⓐ) 3큰술(30g)
- 덩어리로 된 것을 추천해요.

◈ 호두 20g

미 리 준 비 하 기

▷ 버터는 2cm 크기로 깍둑썰기 한 다음 냉장실에 두어 차갑게 만든다.

▷ 흑설탕과 호두는 대강 부순다.

▷ 우유와 요거트는 섞는다.

▷ 오븐 틀에 오븐 시트를 깐다.

만 드 는 방 법

❶ 볼에 가루 재료를 넣고 거품기로 가볍게 섞는다. 차가운 버터를 넣고 스크래퍼로 1cm 크기로 자르듯 섞는다.

❷ 우유와 요거트 섞은 것을 넣고, 스크래퍼로 가루를 위에 덮으면서 자르듯 섞는다.

   * 반죽을 냉장실에 하룻밤동안 휴지시키면 더 탄력 있게 만들어져요.

❸ 반죽을 랩으로 싸서 밀대로 펴고, 랩을 벗기고 반죽을 1/4크기로 접은 다음 다시 랩으로 싸서 밀대로 편다(27쪽 참조). 버터 덩어리가 작아지고 가루 재료와 어우러져 한 덩어리가 되도록 만든다.

   * 반죽이 끈적끈적하다면 이 작업을 한 번 더 반복해 주세요.

❹ 랩을 벗기고, 밀대를 사용하여 1cm 두께(가로 15×세로 20cm 정도)로 편다. 끝부분을 3cm 정도 흑설탕과 호두를 넣고 단단하게 돌돌 말아서 랩으로 싸고 냉동실에 1시간 이상 휴지시킨다.

❺ 오븐을 210℃로 예열한다. 반죽을 나이프로 1.5cm 두께로 자르고, 오븐 틀에 일정한 간격을 두고 올린 다음 210℃ 오븐에서 노릇노릇한 갈색이 될 때까지 15분 정도 굽는다.

사탕수수를 짠 즙을 졸여서 만든 흑설탕. 덩어리를 부숴 사용하면 아삭아삭한 식감을 즐길 수 있어 맛있다. 같은 양의 분말 타입으로 만들어도 괜찮다.

Tip! 분말 설탕을 사용해도 괜찮아요.

18. 레몬 파이 스콘 [파이]

재 료 (10cm 길이 6개 분량)

◈ 가루 재료
· 박력분 150g
· 수수설탕 1큰술
· 베이킹파우더 1과 1/2작은술

◈ 무염 버터 50g

◈ 우유 50mL

◈ 플레인 요거트 2큰술

◈ 레몬 마멀레이드
· 레몬(왁스칠하지 않은 것) 1/2개
· 수수설탕 50g

미 리 준 비 하 기

▷ 버터는 2cm 크기로 깍둑썰기 한 다음 냉장실에 두어 차갑게 만든다.

▷ 우유와 요거트는 섞는다.

▷ 오븐 틀에 오븐 시트를 깐다.

만 드 는 방 법

❶ **레몬 마멀레이드 만들기** 레몬은 잘 씻은 다음 즙을 짜고, 씨를 제거한다. 껍질과 속껍질을 함께 채 썰고 즙, 설탕과 같이 작은 냄비에 넣어서 약불로 15분 정도 끓이고 식힌다. 3큰술 정도 따로 떨어둔다. 이후 오븐을 200℃로 예열한다.

❷ 볼에 가루 재료를 넣고 거품기로 가볍게 섞는다. 차가운 버터를 넣고 스크래퍼로 1cm 크기로 깍둑썰기 하여 자르듯 섞는다.

❸ 우유와 요거트 섞은 것을 넣고 스크래퍼로 가루를 위에 덮으면서 자르듯 섞는다.

＊ 버터의 형태가 보이고, 가루기가 남아 있어도 괜찮아요.

❹ 반죽을 랩으로 싸서 밀대로 펴고, 랩을 벗기고 반죽을 1/4 크기로 접은 다음 다시 랩으로 싸서 밀대로 편다(27쪽 참조). 버터 덩어리가 작아지고 가루 재료와 어우러져 한 덩어리가 되도록 만든다.

＊ 반죽이 끈적끈적하다면 이 작업을 한 번 더 반복해 주세요.

❺ 반죽을 밀대를 사용하여 1.5cm 두께(가로 14×세로 20cm 정도)로 편다. 반죽의 가장자리를 조금 남긴 채 덜어둔 ❶을 바르고(ⓐ), 가로 방향으로 반을 접는다. 반죽을 가로로 두고, 원래 크기(가로 20×세로 14cm 정도)까지 펴고(ⓑ), 세로 방향으로 반을 접는다(가로 20×세로 7cm 정도)(ⓒ). 반죽을 나이프로 3조각으로 자른 다음 대각선으로 반을 자른다(ⓓ).

❻ 반죽을 오븐 틀에 일정한 간격을 두고 올린 다음 표면에 물을 바르고 그래뉴당 1큰술(분량 외)을 뿌린다. 200℃ 오븐에서 노릇노릇한 갈색이 될 때까지 15분 정도 굽는다.

19. 커피 스콘과 바나나 크림 샌드 파이

재 료 (10cm 길이 6개 분량)

◈ 가루 재료
- 박력분 150g
- 수수설탕 1큰술
- 베이킹파우더 1과 1/2작은술
- 시나몬 파우더 1/2작은술

◈ 무염 버터 50g

◈ A
- 우유 50mL
- 플레인 요거트 2큰술
- 인스턴트 커피 1작은술
- 뜨거운 물 1작은술

◈ 바나나, 생크림, 수수설탕, 럼주
  각 적당량

◈ 초콜릿 크림
- 판 초콜릿 약 2/3장(30g)
- 우유 1큰술

미 리 준 비 하 기

▷ 버터는 2cm 크기로 깍둑썰기 한 다음
   냉장실에 두어 차갑게 만든다.

▷ A 만들기 커피는 뜨거운 물에 녹인 다음
   우유, 요거트와 섞는다.

▷ 오븐 틀에 오븐 시트를 깐다.

▷ 오븐을 200℃로 예열한다.

만 드 는 방 법

❶ 볼에 가루 재료를 넣고 거품기로 가볍게 섞는다.
   차가운 버터를 넣고 스크래퍼로 1cm 크기로 자
   르듯 섞는다.

❷ A(커피액+우유+요거트)를 넣고, 스크래퍼로 가루
   를 위에 덮으면서 자르듯 섞는다.

   * 반죽을 냉장실에 하룻밤동안 휴지시키면 더 탄력 있
     게 만들어져요.

❸ 반죽을 랩으로 싸서 밀대로 펴고, 랩을 벗기고 반
   죽을 1/4 크기로 접은 다음 다시 랩으로 싸서 밀
   대로 편다(27쪽 참조). 버터 덩어리가 작아지고 가
   루 재료와 어우러져 한 덩어리가 되도록 만든다.

   * 반죽이 끈적끈적하다면 이 작업을 한 번 더 반복해 주
     세요.

❹ 랩을 벗기고, 밀대를 사용하여 반죽을 1cm 두께(
   가로 14×세로 20cm 정도)로 펴고, 가로 방향으로
   반을 접는다. 반죽을 가로로 두고 나이프로 3조각
   자른 다음 대각선으로 한 번 더 자른다.

❺ 반죽을 오븐 틀에 일정한 간격을 두고 올린 다음
   200℃ 오븐에서 노릇노릇한 갈색이 될 때까지 15
   분 정도 굽는다.

❻ 스콘이 식으면 반으로 가르고, 사이에 수수설탕과
   럼주를 넣어서 거품을 낸 생크림, 얇게 저민 바나
   나, 생크림 순서로 넣는다. 스콘 위에 초콜릿과 우
   유를 중탕하여 녹인 것을 뿌려 마무리한다.

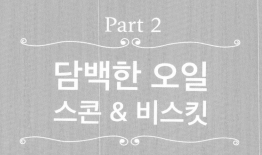

Part 2
담백한 오일
스콘 & 비스킷

오일을 넣어 만드는 2가지 기본 스콘과 기본 스콘을 변형하여 만들 수 있는 다양한 응용 스콘을 소개할게요.
브라운 슈가의 풍미가 느껴지는 스위트 오일 스콘과 포슬포슬한 식감의 플레인 오일 스콘을 담았어요.
건강을 위하여 버터와 우유를 사용하지 않고 담백하게, 두유와 오일에 식초를 넣고 유화시켜서 반죽에 섞이기 쉽도록 간단하게 만들었어요. 오일의 향을 중화시킬 수 있는 향을 가진 재료를 첨가하면 더욱 맛있게 먹을 수 있답니다.

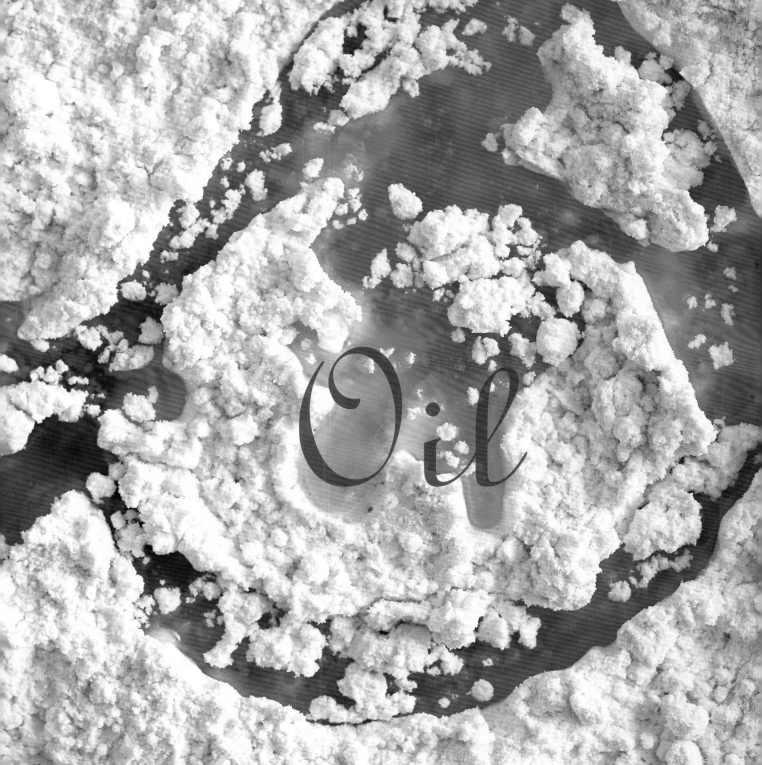

1

풍미가 느껴지는 스위트 오일 스콘

반죽이 늘어지거나 뭉개지는 일이 없어 만들기 쉬운 스콘입니다.
설탕은 풍미가 느껴지는 브라운 슈가 계열(수수설탕 등)을 추천해요.
가루 재료의 1/3 분량을 전립분으로 바꾸어도 맛있게 완성됩니다.

재 료 (5cm 크기 6개 분량)

◈ 가루 재료
  · 박력분 150g
  · 수수설탕 2큰술
  · 베이킹파우더 1과 1/2작은술
◈ 무첨가 두유 4큰술
◈ 카놀라유(혹은 생참깨기름) 3큰술
◈ 식초 1/2작은술

미 리 준 비 하 기

▷ 오븐 틀에 오븐 시트를 깐다.
▷ 오븐을 200℃로 예열한다.

❶ 가루 재료 섞기

볼에 가루 재료를 넣고 고무주걱
으로 가볍게 섞는다.

* 체 치는 과정 대신이에요. 가루가 뭉
  친 곳이 없도록 섞어주세요.

❷ 두유와 기름 섞기

작은 용기에 두유, 카놀라유, 식
초를 넣고 포크로 휘휘 섞는다.

걸쭉해져서 오일 방울이 잘아질 때까지 ○
다.

* 이 단계에서 유화시킴으로써 오일이 촘촘해○
  반죽 전체에 퍼지기 쉬워요.

❹ 밀대로 펴고 자르기

반죽을 박력분(분량 외)을 뿌린 도
마에 올려놓고 밀대로 가볍게 밀
어 편다.

* 반죽이 밀대에 들러붙으면 반죽 위
  에도 박력분(분량 외)을 뿌려 주세요.

세로 방향으로 한 번 접는다.

* 반죽을 접으면 구웠을 때 부풀어 오
  르기 쉬워져요.

밀대를 사용하여 2cm 두께(가로 10×세○
15cm 정도)로 편다.

❸ 합치기

가루 재료가 든 볼의 중앙에 ❷(두유+카놀라유+식초)를 넣고, 고무주걱으로 가루를 위에서 덮으면서

가볍게 섞어준다.

* 치대지 않도록 주의하세요.

반죽을 손으로 몇 차례 접으면서 한 덩어리로 만든다.

❺ 굽기

반죽을 가로로 두고, 나이프로 3×2개로 자른다.

오븐 틀에 일정한 간격을 두고 올린 다음 200℃ 오븐에서 노릇노릇한 갈색이 될 때까지 15분 정도 굽는다. 갓 구워져 따끈따끈할 때 먹는다.

> **Tip!**
>
> 담백한 카놀라유나 무색투명한 생참깨기름을 추천해요. 올리브유를 사용할 경우에는 향이 약하기 때문에 다른 기름과 반씩 섞어서 쓰기도 해요. 일반 참기름은 풍미가 너무 강하기 때문에 추천하지 않아요.

포슬포슬한 플레인 오일 스콘

가루 재료와 올리브유를 먼저 섞으면 가벼운 식감으로 만들어져요.
말린 허브나 생허브, 후추 등의 향신료를
표면에 살짝 뿌려서 굽는 것만으로도 특별한 맛의 스콘이 됩니다.
약간의 설탕을 뿌리면 노릇노릇한 색감으로 구워지고 반죽이 치밀해져서 더욱 맛있어요.

재 료 (10cm 길이 6개 분량)

◈ 가루 재료
  · 박력분 150g
  · 베이킹파우더 1과 1/2 작은술
  · 수수설탕 1작은술
  · 굵은 소금 한 꼬집
◈ 올리브유 2큰술
◈ 무첨가 두유 70mL
◈ 식초 1/2작은술

미 리   준 비 하 기

▷ 두유와 식초는 섞는다.
▷ 오븐 틀에 오븐 시트를 깐다.
▷ 오븐을 200℃로 예열한다.

❶ 가루 재료와 오일 넣어 섞기

볼에 가루 재료를 넣고 고무주걱으로 가볍게 섞은 다음 올리브유를 넣는다.

고무주걱으로 자르듯 가볍게 섞는다.

전체적으로 어우러진 자잘한 소보로 상태(흩어져 엉클어지는 모양)로 만든다.

❷ 두유+식초를 넣어 섞기

두유와 식초 섞은 것을 넣어 고무주걱으로 가볍게 섞고,

반죽을 손으로 몇 차례 접으면서 한 덩어리로 만든다.

❸ 잘라서 굽기

반죽을 박력분(분량 외)을 뿌린 도마에 올려놓고, 반죽의 위에 박력분(분량 외)을 뿌리고 밀대로 가볍게 밀어 편다.

세로 방향으로 한 번 접고, 다시 밀대로 1.5cm 두께(가로세로 12cm 정도)로 편다.

＊ 이렇게 접으면 구웠을 때 반죽이 잘 부풀어 올라요.

나이프로 2×2개로 자른 다음 대각선으로 한 번 더 자른다. 반죽을 오븐 틀에 일정한 간격으로 올려놓고 200℃에서 노릇노릇한 갈색이 될 때까지 15분 정도 굽는다.

1
연유 스콘 스위트

연유의 부드러운 단맛이 입안에 가득.
표면에도 연유를 발라 구워서 더욱더 우유의 맛이 느껴져요.
덕분에 와삭와삭 씹히는 식감으로 만들어졌어요.
레시피⇒82쪽

2

콩가루 스콘 스위트

고소한 콩가루를 반죽에 가득 넣었어요.
조금 버석버석한 느낌으로 콩가루의 식감이 느껴집니다.
콩 특유의 감칠맛과 깊은 풍미를 스콘으로 즐겨 주세요.
레시피➡83쪽

3

검은깨 스콘 스위트

검은깨 페이스트와 꿀을 섞어 반죽에 넣고
노릇노릇하게 구우면 마블 모양이 나타나요.
너무 많이 섞으면 마블 모양이 희미해질 수 있으니 주의하세요.
레시피➡84쪽

4
땅콩 버터와 라즈베리잼 비스킷 스위트
저당 타입의 땅콩 버터를 반죽에 넣으면 견과류의 풍미가 느껴집니다
라즈베리잼의 단맛으로 맛의 밸런스를 맞췄어요.
블루베리잼으로 만들어도 맛있어요.
레시피→85쪽

5
흑설탕 생강 비스킷 스위트
흑설탕과 진저 파우더를 함께 넣으면
일본 간사이 지역에서 여름철 즐겨 마시는 음료의 맛을 느낄 수 있어요.
마지막에 톡 쏘는 생강의 맛이 포인트입니다.
레시피→86쪽

6
메이플 아몬드 스콘 [스위트]

메이플 시럽과 어울리는 전립분을 반죽에 넣어
통밀의 풍미가 느껴지는 스콘입니다.
아몬드뿐만 아니라 호두나 피칸 너츠도 추천해요.

레시피⇒87쪽

7

건살구 큐브 스콘 스위트

한입 크기로 자른 큐브 모양의 미니 스콘.
바삭바삭하고 고소해서 마치 쿠키 같은 식감이에요.
살구는 반죽 표면에 드러나면 타기 때문에 작게 잘라 넣어주세요.
로즈마리 잎을 넣어서 뒷맛을 상쾌하게 마무리했어요.

레시피⇒88쪽

8

라즈베리 큐브 스콘 스위트

라즈베리는 냉동한 것으로 사용해 주세요.
레몬 껍질을 넣어서 산미를 더하면
보다 맛있게 구워집니다

레시피⇒89쪽

9

럼주 초콜릿 큐브 스콘 스위트

전자레인지로 가열한 럼주에 초콜릿을 넣어 녹이고
반죽 전체에 넣어 섞었어요.
잘게 자른 초콜릿까지 더해 초콜릿의 풍미로 가득한 스콘입니다.

레시피⇒90쪽

10
모카 비스킷 스위트
울퉁불퉁 바위같은 모습으로 반죽해서 구우면
와일드한 느낌의 스콘으로 만들어집니다.
시나몬 향이 풍부하게 나는 어른스러운 맛의 비스킷을 즐겨보세요.
시나몬 대신 카다몬을 넣어도 좋아요.
레시피⇒91쪽

11
화이트 초콜릿과 크랜베리 비스킷 스위트
크랜베리의 신맛을 끌어올리기 위해 레몬즙을 넣고,
레몬과 잘 어울리는 화이트 초콜릿을 더했어요.
과일의 상큼함과 화이트 초콜릿의 부드러움이 어우러진 스콘이에요.
레시피⇒92쪽

12
코코아 초콜릿 스콘 스위트

이 책 안에서 아마 가장 농후한 스콘일 거예요.
반죽에 아몬드 파우더를 넣어 리치하게 만들었답니다.
크게 잘라 넣은 판 초콜릿은 쌉쌀한 비터 타입을 추천합니다.

레시피⇒93쪽

13
오트밀과 건포도 스콘 스위트

오트밀을 넣어 바삭바삭한 식감의 스콘.
건포도는 따뜻한 물에 담그어 촉촉하고 부드럽게 만들었어요.
오트밀과 건포도 못지않게 판 초콜릿과 건무화과의 조합도 훌륭하답니다.

레시피⇒94쪽

14
말차와 화이트 초콜릿 스콘 스위트
살짝 쓴 말차와 부드러운 화이트 초콜릿은
어떤 과자에 넣어도 어울리는 베스트 조합이에요.
쌉쌀한 비터 초콜릿으로 만들면
단맛을 줄인 어른스러운 맛으로 완성됩니다.
레시피⇒95쪽

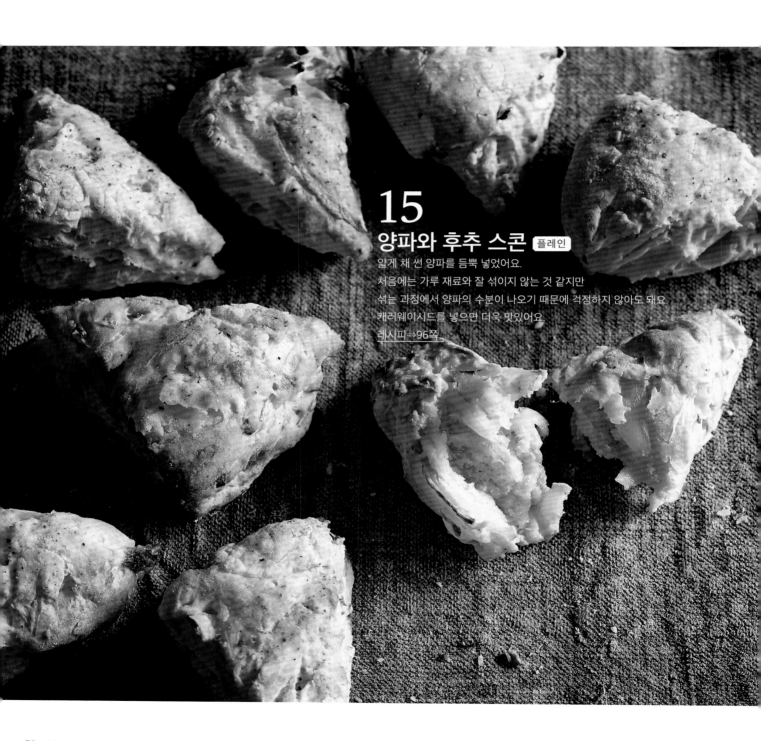

15

양파와 후추 스콘 [플레인]

얇게 채 썬 양파를 듬뿍 넣었어요.
처음에는 가루 재료와 잘 섞이지 않는 것 같지만
섞는 과정에서 양파의 수분이 나오기 때문에 걱정하지 않아도 돼요.
캐러웨이시드를 넣으면 더욱 맛있어요.
레시피⇒96쪽

16
파르메산 치즈와 파슬리 스콘 플레인
오일로 만드는 스콘에 유제품이 들어가면 더욱 맛있어져요.
치즈는 덩어리를 갈아서 넣어도, 가루 치즈를 넣어도 좋아요.
쪽파나 푸른 차조기를 채 썰어 넣어 색감을 더해 주세요.

레시피⇒97쪽

17
고르곤졸라 치즈와 호두 스콘 플레인
큐브 모양으로 잘라서 구우면 쿠키처럼 바삭바삭하게 만들어져요.
작게 깍둑썰기 한 사과나 건무화과를 넣어도 좋아요.
치즈에 소금기가 있으니 소금은 넣지 말고 만들어 주세요.

레시피⇒98쪽

18
건토마토와 바질 스콘 플레인
건토마토는 뜨거운 물에 담그어 부드럽게 만든 후 넣었어요.
토마토를 크게 자르면 반죽 표면에 드러나 굽는 과정에서 탈 수 있으므로
되도록 작게 잘라 반죽에 넣어 주세요.
레시피⇒99쪽

19
베이컨과 건프룬 스콘 플레인
돼지고기를 과일과 함께 익혀 조리하듯
베이컨에 건과일을 함께 넣어 만든 스콘입니다.
베이컨의 짭짤함과 프룬의 새콤달콤함이 절묘하게 어울려요.

레시피⇒100쪽

20
카레와 옥수수 스콘 플레인
카레 가루만 넣어 반죽을 만들어도 충분히 맛있지만
옥수수를 추가하면 더욱더 촉촉하고 부드러운 스콘으로 만들어져요.
작게 자른 소시지를 넣는 것도 추천합니다.

레시피⇒101쪽

1. 연유 스콘 스위트

재 료 (6cm 크기 6개 분량)

◈ **가루 재료**

· 박력분 150g

· 수수설탕 2큰술

· 베이킹파우더 1과 1/2작은술

◈ **A**

· 카놀라유 3큰술

· 무첨가 두유 2큰술

· 가당 연유 2큰술

· 식초 1/2작은술

◈ **토핑용 가당 연유 1/2큰술**

미 리 준 비 하 기

▷ **A 만들기** 카놀라유, 두유, 연유, 식초를 섞는다.

▷ 오븐 틀에 오븐 시트를 깐다.

▷ 오븐을 200℃로 예열한다.

만 드 는 방 법

❶ 볼에 가루 재료를 넣고 고무주걱으로 가볍게 섞는다.

❷ 볼의 중앙에 A(카놀라유+두유+연유+식초)를 넣고, 고무주걱으로 가루를 위에서 덮으면서 가볍게 섞어준다. 반죽을 손으로 몇 차례 접으면서 한 덩어리로 만든다.

❸ 반죽을 박력분(분량 외)을 뿌린 도마에 올려놓고 밀대로 가볍게 편다. 세로 방향으로 한 번 접고, 2cm 두께(가로 15×세로 10cm 정도)로 편다. 반죽을 가로로 두고, 나이프로 3×2개로 자른다.

❹ 오븐 틀에 일정한 간격을 두고 올린 다음 표면에 연유를 바르고, 200℃ 오븐에서 노릇노릇한 갈색이 될 때까지 15분 정도 굽는다.

2. 콩가루 스콘 [스위트]

재 료 (5cm 크기 6개 분량)

◈ 가루 재료
- · 박력분 120g
- · 콩가루 30g
- · 수수설탕 2큰술
- · 베이킹파우더 1과 1/2작은술

◈ A
- · 무첨가 두유 4큰술
- · 카놀라유 3큰술
- · 식초 1/2작은술

미 리 준 비 하 기

▷ A 만들기 두유, 카놀라유, 식초를 섞는다.

▷ 오븐 틀에 오븐 시트를 깐다.

▷ 오븐을 200℃로 예열한다.

만 드 는 방 법

❶ 볼에 가루 재료를 넣고 고무주걱으로 가볍게 섞는다.

❷ 볼의 중앙에 A(두유+카놀라유+식초)를 넣고, 고무주걱으로 가루를 위에서 덮으면서 가볍게 섞어준다. 반죽을 손으로 몇 차례 접으면서 한 덩어리로 만든다.

❸ 반죽을 박력분(분량 외)을 뿌린 도마에 올려 놓고 밀대로 가볍게 편다. 세로 방향으로 한 번 접고, 2cm 두께(가로 15×세로 10cm 정도)로 편다. 반죽을 가로로 두고, 나이프로 3×2개로 자른다.

❹ 오븐 틀에 일정한 간격을 두고 올린 다음 200℃ 오븐에서 노릇노릇한 갈색이 될 때까지 15분 정도 굽는다.

3. 검은깨 스콘 스위트

재 료 (5cm 크기 6개 분량)

◈ **가루 재료**
- 박력분 150g
- 수수설탕 2큰술
- 베이킹파우더 1과 1/2작은술

◈ **A**
- 무첨가 두유 4큰술
- 카놀라유 3큰술
- 식초 1/2작은술

◈ **검은깨 페이스트(ⓐ) 1큰술**

◈ **꿀 1큰술**

미 리 준 비 하 기

▷ **A 만들기** 두유, 카놀라유, 식초를 섞는다.

▷ 검은깨 페이스트와 꿀은 섞는다.

▷ 오븐 틀에 오븐 시트를 깐다.

▷ 오븐을 200℃로 예열한다.

만 드 는 방 법

❶ 볼에 가루 재료를 넣고 고무주걱으로 가볍게 섞는다.

❷ 볼의 중앙에 A(두유+카놀라유+식초)를 넣고, 고무주걱으로 가루를 위에서 덮으면서 가볍게 섞어준다. 가루기가 약간 남아있을 때 검은깨 페이스트와 꿀 섞은 것을 넣어 가볍게 섞고, 반죽을 손으로 몇 차례 접으면서 한 덩어리로 만든다.

❸ 반죽을 박력분(분량 외)을 뿌린 도마에 올려놓고 밀대로 가볍게 편다. 세로 방향으로 한 번 접고, 2cm 두께(가로 15×세로 10cm 정도)로 편다. 반죽을 가로로 두고, 나이프로 3×2개로 자른다.

❹ 오븐 틀에 일정한 간격을 두고 올린 다음 200℃ 오븐에서 노릇노릇한 갈색이 될 때까지 15분 정도 굽는다.

검은깨를 믹서로 갈아 만든 페이스트. 흰깨를 이용하여 만든 페이스트보다 풍미가 진하기 때문에 구움 과자 만들 때 추천.

Tip! 반죽을 너무 많이 섞으면 마블 모양이 희미해질 수 있으니 주의하세요.

4. 땅콩 버터와 라즈베리잼 비스킷 스위트

재 료 (지름 6cm 크기 6개 분량)

◈ 가루 재료
- 박력분 150g
- 수수설탕 2큰술
- 베이킹파우더 1과 1/2작은술

◈ A
- 무첨가 두유 4큰술
- 카놀라유 2큰술
- 식초 1/2작은술

◈ 땅콩 버터(저당) 40g
- '스키피'를 추천해요.

◈ 라즈베리잼 2큰술

미 리 준 비 하 기

▷ A 만들기 두유, 카놀라유, 식초를 섞는다.

▷ 오븐 틀에 오븐 시트를 깐다.

▷ 오븐을 200℃로 예열한다.

만 드 는 방 법

❶ 볼에 가루 재료를 넣고 고무주걱으로 가볍게 섞는다.

❷ 볼의 중앙에 A(두유+카놀라유+식초)를 넣고, 고무주걱으로 가루를 위에서 덮으면서 가볍게 섞어준다. 가루기가 약간 남아있을 때 땅콩 버터를 넣어 가볍게 섞고, 반죽을 손으로 몇 차례 접으면서 한 덩어리로 만든다.

❸ 반죽을 박력분(분량 외)을 뿌린 도마에 올려놓고 밀대로 가볍게 편 후 라즈베리잼을 전체에 바른다(ⓐ). 반죽을 세로 방향으로 한 번 접고, 나이프로 6등분하여 자른 다음 손으로 동그랗게 만든다(ⓑ).

❹ 오븐 틀에 일정한 간격을 두고 올린 다음 200℃ 오븐에서 노릇노릇한 갈색이 될 때까지 15분 정도 굽는다.

Tip! 라즈베리잼 대신 블루베리잼을 넣어도 맛있어요.

5. 흑설탕 생강 비스킷 [스위트]

재 료 (6cm 크기 6개 분량)

◈ **가루 재료**
- 박력분 150g
- 흑설탕(덩어리로 된 것을 추천) 45g
- 베이킹파우더 1과 1/2작은술
- 진저 파우더 1/2작은술

◈ **A**
- 무첨가 두유 4큰술
- 카놀라유 3큰술
- 식초 1/2작은술

미 리 준 비 하 기

▷ 흑설탕은 칼로 대강 부순다(ⓐ).

▷ **A 만들기** 두유, 카놀라유, 식초를 섞는다.

▷ 오븐 틀에 오븐 시트를 깐다.

▷ 오븐을 200℃로 예열한다.

만 드 는 방 법

❶ 볼에 가루 재료를 넣고 고무주걱으로 가볍게 섞는다.

❷ 볼의 중앙에 A(두유+카놀라유+식초)를 넣고, 고무주걱으로 가루를 위에서 덮으면서 가볍게 섞어준다. 반죽을 손으로 몇 차례 접으면서 한 덩어리로 만든다.

❸ 반죽을 박력분(분량 외)을 뿌린 도마에 올려 놓고 밀대로 가볍게 편다. 세로 방향으로 한 번 접고, 2cm 두께(가로 15×세로 10cm 정도)로 편다. 반죽을 가로로 두고, 나이프로 3×2개로 자른다.

❹ 오븐 틀에 일정한 간격을 두고 올린 다음 200℃ 오븐에서 노릇노릇한 갈색이 될 때까지 15분 정도 굽는다.

Tip! 취향에 따라 생크림을 발라 먹어도 좋아요.

6. 메이플 아몬드 스콘 [스위트]

재 료 (6cm 크기 6개 분량)

◈ **가루 재료**
- 박력분 120g
- 전립분 40g
- 수수설탕 1과 1/2큰술
- 베이킹파우더 1과 1/2작은술

◈ **A**
- 무첨가 두유 4큰술
- 카놀라유 3큰술
- 메이플 시럽 2큰술
- 식초 1/2작은술

◈ **아몬드(홀) 40g**

미 리 준 비 하 기

▷ **A 만들기** 두유, 카놀라유, 메이플 시럽, 식초를 섞는다.

▷ 아몬드는 반으로 자른다.

▷ 오븐 틀에 오븐 시트를 깐다.

▷ 오븐을 200℃로 예열한다.

만 드 는 방 법

❶ 볼에 가루 재료를 넣고 고무주걱으로 가볍게 섞는다.

❷ 볼의 중앙에 A(두유+카놀라유+메이플 시럽+식초)를 넣고, 고무주걱으로 가루를 위에서 덮으면서 가볍게 섞어준다. 가루기가 약간 남아있을 때 아몬드를 넣어 가볍게 섞고, 반죽을 손으로 몇 차례 접으면서 한 덩어리로 만든다.

❸ 반죽을 박력분(분량 외)을 뿌린 도마에 올려놓고 밀대로 가볍게 편다. 세로 방향으로 한 번 접고, 2cm 두께(가로 15×세로 10cm 정도)로 편다. 반죽을 가로로 두고, 나이프로 3×2개로 자른다.

❹ 오븐 틀에 일정한 간격을 두고 올린 다음 200℃ 오븐에서 노릇노릇한 갈색이 될 때까지 15분 정도 굽는다.

Tip! 아몬드 대신 호두나 피칸 너츠를 넣어도 맛있어요.

7. 건살구 큐브 스콘 스위트

재 료 (3cm 크기 24개 분량)

◈ **가루 재료**
- 박력분 150g
- 수수설탕 3큰술
- 베이킹파우더 1과 1/2작은술

◈ **A**
- 무첨가 두유 4큰술
- 카놀라유 3큰술
- 식초 1/2작은술

◈ **건살구(ⓐ) 또는 살구 50g**

◈ **로즈마리 잎(생·채 썬 것) 한 꼬집**
- 말린 것도 괜찮아요.

미 리 준 비 하 기

▷ 건살구는 뜨거운 물을 뿌려 부드럽게 만든 다음 물기를 제거하고 7mm 크기로 깍둑 썰기 한다.

▷ **A 만들기** 두유, 카놀라유, 식초를 섞는다.

▷ 오븐 틀에 오븐 시트를 깐다.

▷ 오븐을 200℃로 예열한다.

만 드 는 방 법

❶ 볼에 가루 재료를 넣고 고무주걱으로 가볍게 섞는다.

❷ 볼의 중앙에 A(두유+카놀라유+식초)를 넣고, 고무주걱으로 가루를 위에서 덮으면서 가볍게 섞어준다. 가루기가 약간 남아있을 때 건살구와 로즈마리 잎을 넣어 가볍게 섞고, 반죽을 손으로 몇 차례 접으면서 한 덩어리로 만든다.

❸ 반죽을 박력분(분량 외)을 뿌린 도마에 올려 놓고 밀대로 가볍게 편다. 세로 방향으로 한 번 접고, 2cm 두께(가로 15×세로 10cm 정도)로 편다. 반죽을 가로로 두고, 나이프로 6×4개로 자른다.

❹ 오븐 틀에 일정한 간격을 두고 올린 다음 200℃ 오븐에서 노릇노릇한 갈색이 될 때까지 12분 정도 굽는다.

간식으로 먹어도 맛있는 건살구. 뜨거운 물을 뿌려 말랑말랑해지면 물기를 제거하고 작게 잘라 반죽에 넣는다. 다른 건과일도 동일한 방법으로 만든다.

Tip! 살구는 반죽 표면에 드러나면 굽는 과정에서 타기 쉬우므로 작게 잘라 넣어주세요.

8. 라즈베리 큐브 스콘 스위트

재 료 (3cm 크기 24개 분량)

◈ **가루 재료**

- 박력분 150g
- 수수설탕 3큰술
- 레몬 껍질 간 것(왁스칠 하지 않은 것) 1/2개분
- 베이킹파우더 1과 1/2작은술

◈ **A**

- 무첨가 두유 4큰술
- 카놀라유 3큰술
- 레몬즙 1작은술

◈ **라즈베리(냉동) 20g**

미 리 준 비 하 기

▷ **A 만들기** 두유, 카놀라유, 레몬즙을 섞는다.

▷ 오븐 틀에 오븐 시트를 깐다.

▷ 오븐을 200℃로 예열한다.

만 드 는 방 법

❶ 볼에 가루 재료를 넣고 고무주걱으로 가볍게 섞는다.

❷ 볼의 중앙에 A(두유+카놀라유+레몬즙)를 넣고, 고무주걱으로 가루를 위에서 덮으면서 가볍게 섞어준다. 가루기가 약간 남아있을 때 라즈베리를 넣어 가볍게 섞고, 반죽을 손으로 몇 차례 접으면서 한 덩어리로 만든다.

❸ 반죽을 박력분(분량 외)을 뿌린 도마에 올려놓고 밀대로 가볍게 편다. 세로 방향으로 한 번 접고, 2cm 두께(가로 15×세로 10cm 정도)로 편다. 반죽을 가로로 두고, 나이프로 6×4개로 자른다.

❹ 오븐 틀에 일정한 간격을 두고 올린 다음 200℃ 오븐에서 노릇노릇한 갈색이 될 때까지 12분 정도 굽는다.

 Tip!
레몬 껍질을 넣어 산미를 더하면 더욱 맛있어요.

9. 럼주 초콜릿 큐브 스콘 스위트

재 료 (3cm 크기 24개 분량)

◈ **가루 재료**
- 박력분 150g
- 수수설탕 3큰술
- 베이킹파우더 1과 1/2작은술

◈ **A**
- 무첨가 두유 40mL
- 카놀라유 2큰술
- 식초 1/2작은술

◈ **럼주 1과 1/2큰술**

◈ **판 초콜릿 1장(50g)**

미 리 준 비 하 기

▷ 초콜릿은 30g은 칼로 대강 다지고, 나머지 20g은 5mm 크기로 깍둑썰기 한다.

▷ 럼주는 전자레인지(600W)에서 10초 정도 가열한 후, 대강 다진 초콜릿 30g을 넣어서 녹인다.

▷ **A 만들기** 두유, 카놀라유, 식초를 섞는다.

▷ 오븐 틀에 오븐 시트를 깐다.

▷ 오븐을 200℃로 예열한다.

만 드 는 방 법

❶ 볼에 가루 재료를 넣고 고무주걱으로 가볍게 섞는다.

❷ 볼의 중앙에 A(두유+카놀라유+식초)를 넣고, 고무주걱으로 가루를 위에서 덮으면서 가볍게 섞어준다. 가루기가 약간 남아있을 때 초콜렛을 녹인 럼주를 넣어 섞은 다음 나머지 초콜릿 20g을 넣어 가볍게 섞는다. 반죽을 손으로 몇 차례 접으면서 한 덩어리로 만든다.

❸ 반죽을 박력분(분량 외)을 뿌린 도마에 올려 놓고 밀대로 가볍게 편다. 세로 방향으로 한 번 접고, 2cm 두께(가로 15×세로 10cm 정도)로 편다. 반죽을 가로로 두고, 나이프로 6×4 개로 자른다.

❹ 오븐 틀에 일정한 간격을 두고 올린 다음 200℃ 오븐에서 노릇노릇한 갈색이 될 때까지 12분 정도 굽는다.

10. 모카 비스킷 스위트

재 료 (지름 6cm 크기 6개 분량)

◈ **가루 재료**
- 박력분 140g
- 수수설탕 2큰술
- 코코아 파우더 1과 1/2큰술
- 베이킹파우더 1과 1/2작은술
- 인스턴트 커피 1작은술
- 시나몬 파우더 1/6작은술

◈ **A**
- 무첨가 두유 4큰술
- 카놀라유 40g
- 식초 1/2작은술

만 드 는 방 법

❶ 볼에 가루 재료를 넣고 고무주걱으로 가볍게 섞는다.

❷ 볼의 중앙에 A(두유+카놀라유+식초)를 넣고, 고무주걱으로 가루를 위에서 덮으면서 가볍게 섞어준다. 반죽을 손으로 몇 차례 접으면서 한 덩어리로 만든다.

❸ 반죽을 6등분하여 손으로 동그랗게 만든다.

❹ 오븐 틀에 일정한 간격을 두고 올린 다음 200℃ 오븐에서 15분 정도 굽는다.

미 리 준 비 하 기

▷ **A 만들기** 두유, 카놀라유, 식초를 섞는다.

▷ 오븐 틀에 오븐 시트를 깐다.

▷ 오븐을 200℃로 예열한다.

Tip!
- 반죽을 둥글릴 때 반듯한 모양이 아니라 울퉁불퉁한 모양으로 만들면 와일드한 느낌을 줄 수 있어요.
- 시나몬 파우더 대신 카다몬 파우더를 넣어도 좋아요.

11. 화이트 초콜릿과 크랜베리 비스킷 [스위트]

재 료 (6cm 크기 6개 분량)

◈ **가루 재료**
- 박력분 150g
- 수수설탕 2큰술
- 레몬 껍질 간 것(왁스칠하지 않은 것)
  1/4개분
- 베이킹파우더 1과 1/2작은술

◈ **A**
- 무첨가 두유 4큰술
- 카놀라유 3큰술
- 레몬즙 1작은술

◈ **판 초콜릿(화이트)** 1장(40g)

◈ **건크랜베리(ⓐ)** 30g

미 리 준 비 하 기

▷ 건크랜베리는 뜨거운 물을 뿌려 부드럽게
  만든 다음 물기를 제거한다.

▷ 판 초콜릿은 대강 썰어둔다.

▷ **A 만들기** 두유, 카놀라유, 레몬즙을 섞는다.

▷ 오븐 틀에 오븐 시트를 깐다.

▷ 오븐을 200℃로 예열한다.

만 드 는 방 법

❶ 볼에 가루 재료를 넣고 고무주걱으로 가볍게
  섞는다.

❷ 볼의 중앙에 A(두유+카놀라유+레몬즙)를 넣고,
  고무주걱으로 가루를 위에서 덮으면서 가볍게
  섞어준다. 가루기가 약간 남아있을 때 초콜릿
  과 건크랜베리를 넣어 가볍게 섞고, 반죽을 손
  으로 몇 차례 접으면서 한 덩어리로 만든다.

❸ 반죽을 박력분(분량 외)을 뿌린 도마에 올려
  놓고 밀대로 가볍게 편다. 세로 방향으로 한
  번 접고, 2cm 두께(가로 15×세로 10cm 정도)
  로 편다. 반죽을 가로로 두고, 나이프로 3×2
  개로 자른다.

❹ 오븐 틀에 일정한 간격을 두고 올린 다음
  200℃ 오븐에서 노릇노릇한 갈색이 될 때까
  지 15분 정도 굽는다.

앙증맞은 크기와 선명한 붉은
색, 달콤새콤한 맛으로 인기
있는 건크랜베리. 뜨거운 물을
뿌려 말랑말랑해지면 물기를
제거하고 반죽에 넣는다.

12. 코코아 초콜릿 스콘 [스위트]

재 료 (6cm 크기 6개 분량)

◈ **가루 재료**
- 박력분 120g
- 아몬드 파우더 20g
- 코코아 파우더, 수수설탕 각 2큰술
- 베이킹파우더 1과 1/2작은술

◈ **A**
- 무첨가 두유 4큰술
- 카놀라유 2와 1/2큰술
- 식초 1/2작은술

◈ **판 초콜릿**(비터) 4/5장(40g)

미 리 준 비 하 기

▷ 판 초콜릿은 대강 썰어둔다.

▷ **A 만들기** 두유, 카놀라유, 식초를 섞는다.

▷ 오븐 틀에 오븐 시트를 깐다.

▷ 오븐을 200℃로 예열한다.

만 드 는 방 법

❶ 볼에 가루 재료를 넣고 고무주걱으로 가볍게 섞는다.

❷ 볼의 중앙에 A(두유+카놀라유+식초)를 넣고, 고무주걱으로 가루를 위에서 덮으면서 가볍게 섞어준다. 가루기가 약간 남아있을 때 초콜릿을 넣어 가볍게 섞고, 반죽을 손으로 몇 차례 접으면서 한 덩어리로 만든다.

❸ 반죽을 박력분(분량 외)을 뿌린 도마에 올려놓고 밀대로 가볍게 편다. 세로 방향으로 한 번 접고, 2cm 두께(가로 15×세로 10cm 정도)로 편다. 반죽을 가로로 두고, 나이프로 3×2개로 자른다.

❹ 오븐 틀에 일정한 간격을 두고 올린 다음 200℃ 오븐에서 15분 정도 굽는다.

 Tip! 거품을 낸 생크림을 얹거나 오렌지 마멀레이드를 발라 먹어도 좋아요.

13. 오트밀과 건포도 스콘 스위트

재 료 (5cm 크기 6개 분량)

◈ **가루 재료**
- 박력분 100g
- 오트밀 50g
- 수수설탕 4큰술
- 베이킹파우더 1과 1/2작은술

◈ **A**
- 무첨가 두유 4큰술
- 카놀라유 3큰술
- 식초 1/2작은술

◈ **건포도(ⓐ)** 30g

미 리 준 비 하 기

▷ 건포도는 뜨거운 물을 뿌려 부드럽게 만든 다음 물기를 제거한다.

▷ **A 만들기** 두유, 카놀라유, 식초를 섞는다.

▷ 오븐 틀에 오븐 시트를 깐다.

▷ 오븐을 200℃로 예열한다.

만 드 는 방 법

❶ 볼에 가루 재료를 넣고 고무주걱으로 가볍게 섞는다.

❷ 볼의 중앙에 A(두유+카놀라유+식초)를 넣고, 고무주걱으로 가루를 위에서 덮으면서 가볍게 섞어준다. 가루기가 약간 남아있을 때 건포도를 넣어 가볍게 섞고, 반죽을 손으로 몇 차례 접으면서 한 덩어리로 만든다.

❸ 반죽을 박력분(분량 외)을 뿌린 도마에 올려 놓고 밀대로 가볍게 편다. 세로 방향으로 한 번 접고, 2cm 두께(가로 15×세로 10cm 정도)로 편다. 반죽을 가로로 두고, 나이프로 3×2개로 자른다.

❹ 오븐 틀에 일정한 간격을 두고 올린 다음 200℃ 오븐에서 노릇노릇한 갈색이 될 때까지 15분 정도 굽는다.

건포도는 뜨거운 물을 뿌려 말랑말랑해지면 물기를 제거하고 반죽에 넣는다. 이 정도 소량이라면 차거름망에 넣어서 뜨거운 물을 뿌리면 만들기 쉽다.

 Tip!
오트밀과 건포도 대신 판 초콜릿과 건무화과의 조합으로 만들어도 맛있어요.

14. 말차와 화이트 초콜릿 스콘 [스위트]

재 료 (6cm 크기 6개 분량)

◈ **가루 재료**
- 박력분 150g
- 수수설탕 2큰술
- 베이킹파우더 1과 1/2작은술

◈ **A**
- 무첨가 두유 4큰술
- 카놀라유 3큰술
- 식초 1/2작은술
- 말차 2작은술
- 물 1큰술

◈ **판 초콜릿(화이트) 1/2장(20g)**

미 리 준 비 하 기

▷ 판 초콜릿은 대강 쪼갠다.

▷ **A 만들기** 말차는 물에 풀어서 두유와 섞은 다음 카놀라유, 식초를 함께 섞는다.

▷ 오븐 틀에 오븐 시트를 깐다.

▷ 오븐을 200℃로 예열한다.

만 드 는 방 법

❶ 볼에 가루 재료를 넣고 고무주걱으로 가볍게 섞는다.

❷ 볼의 중앙에 A(말차액+두유+카놀라유+식초)를 넣고, 고무주걱으로 가루를 위에서 덮으면서 가볍게 섞어준다. 가루기가 약간 남아있을 때 초콜릿을 넣어 가볍게 섞고, 반죽을 손으로 몇 차례 접으면서 한 덩어리로 만든다(ⓐ).

❸ 반죽을 박력분(분량 외)을 뿌린 도마에 올려 놓고 밀대로 가볍게 편다. 세로 방향으로 한 번 접고, 2cm 두께(가로 15×세로 10cm 정도)로 편다. 반죽을 가로로 두고, 나이프로 3×2개로 자른다.

❹ 오븐 틀에 일정한 간격을 두고 올린 다음 200℃ 오븐에서 15분 정도 굽는다.

화이트 초콜릿은 대강 쪼개고, 가루기가 약간 남아있을 때 넣어 고무주걱으로 가볍게 섞는다. 한 덩어리로 어우러지도록 만들면 반죽이 완성된다.

15. 양파와 후추 스콘 플레인

재료 (8cm 길이 8개 분량)

◇ 가루 재료
- 박력분 150g
- 베이킹파우더 1과 1/2작은술
- 수수설탕 1작은술
- 소금 한 꼬집
◇ 올리브유 2큰술
◇ 무첨가 두유 4큰술
◇ 식초 1/2작은술
◇ 양파 1/2개
◇ 굵게 간 후추 약간

미리 준비하기

▷ 양파는 얇게 채 썬다.
▷ 두유와 식초는 섞는다.
▷ 오븐 틀에 오븐 시트를 깐다.
▷ 오븐을 200℃로 예열한다.

만드는 방법

❶ 볼에 가루 재료를 넣고 고무주걱으로 가볍게 섞은 다음 올리브유를 넣는다. 고무주걱으로 자르듯 가볍게 섞어 자잘한 소보로(흩어져 엉클어지는 모양) 상태로 만든다.

❷ 양파를 넣어 고무주걱으로 가볍게 섞은 다음(ⓐ) 두유와 식초 섞은 것을 넣어 가볍게 섞는다. 반죽을 손으로 몇 차례 접으면서 한 덩어리로 만든다.

❸ 반죽을 박력분(분량 외)을 뿌린 도마에 올려놓고, 반죽의 위에 박력분(분량 외)을 뿌리고 밀대로 가볍게 편다. 세로 방향으로 한 번 접고, 다시 밀대로 1.5cm 두께(가로세로 12cm 정도)로 편다. 나이프로 2×2개로 자른 후 대각선으로 한 번 더 자른다.

❹ 반죽을 오븐 틀에 일정한 간격으로 올린 다음 후추를 뿌리고 200℃ 오븐에서 노릇노릇한 갈색이 될 때까지 15분 정도 굽는다.

얇게 채 썰어서 듬뿍 넣는다. 처음에는 가루기가 많지만 섞으면서 양파의 수분이 나와 한 덩어리로 어우러진다.

Tip!
캐러웨이시드를 넣으면 더욱 맛있어요.

16. 파르메산 치즈와 파슬리 스콘 플레인

재 료 (8cm 길이 8개 분량)

◈ 가루 재료
- 박력분 150g
- 파르메산 치즈 40g
- 파슬리(채 썬 것) 1큰술
- 베이킹파우더 1과 1/2작은술
- 수수설탕 1작은술
- 소금 한 꼬집

◈ 올리브유 2큰술

◈ 무첨가 두유 70mL

◈ 식초 1/2작은술

미 리 준 비 하 기

▷ 두유와 식초는 섞는다.

▷ 오븐 틀에 오븐 시트를 깐다.

▷ 오븐을 200℃로 예열한다.

만 드 는 방 법

❶ 볼에 가루 재료를 넣고 고무주걱으로 가볍게 섞은 다음 올리브유를 넣는다. 고무주걱으로 자르듯 가볍게 섞어 자잘한 소보로(흩어져 엉클어지는 모양) 상태로 만든다.

❷ 두유와 식초 섞은 것을 넣어 고무주걱으로 가볍게 섞고, 반죽을 손으로 몇 차례 접으면서 한 덩어리로 만든다.

❸ 반죽을 박력분(분량 외)을 뿌린 도마에 올려놓고, 반죽의 위에 박력분(분량 외)을 뿌리고 밀대로 가볍게 편다. 세로 방향으로 한 번 접고, 다시 밀대로 1.5cm 두께(가로세로 12cm 정도)로 편다. 나이프로 2×2개로 자른 후 대각선으로 한 번 더 자른다.

❹ 반죽을 오븐 틀에 일정한 간격으로 올린 다음 200℃ 오븐에서 노릇노릇한 갈색이 될 때까지 15분 정도 굽는다.

 파슬리 대신 쪽파나 푸른 차조기를 채 썰어 넣어도 괜찮아요.

17. 고르곤졸라 치즈와 호두 스콘 [플레인]

재 료 (8cm 길이 8개 분량)

◈ 가루 재료
  · 박력분 150g
  · 베이킹파우더 1과 1/2작은술
  · 수수설탕 1작은술

◈ 올리브유 2큰술

◈ 무첨가 두유 70mL

◈ 식초 1/2작은술

◈ 고르곤졸라 치즈(ⓐ) 40g

◈ 호두 30g

미 리 준 비 하 기

▷ 고르곤졸라 치즈는 손으로 큼직하게 찢고,
  호두는 큼직하게 쪼갠다.

▷ 두유와 식초는 섞는다.

▷ 오븐 틀에 오븐 시트를 깐다.

▷ 오븐을 200℃로 예열한다.

만 드 는 방 법

❶ 볼에 가루 재료를 넣고 고무주걱으로 가볍게
  섞은 다음 올리브유를 넣는다. 고무주걱으로
  자르듯 가볍게 섞어 자잘한 소보로(흩어져 엉
  클어지는 모양) 상태로 만든다.

❷ 고르곤졸라 치즈, 호두 순서로 넣고 그때마다
  고무주걱으로 가볍게 섞는다. 두유와 식초 섞
  은 것을 넣어 가볍게 섞고, 반죽을 손으로 몇
  차례 접으면서 한 덩어리로 만든다.

❸ 반죽을 박력분(분량 외)을 뿌린 도마에 올려놓
  고, 반죽의 위에 박력분(분량 외)을 뿌리고 밀
  대로 가볍게 편다. 세로 방향으로 한 번 접고,
  다시 밀대로 1.5cm 두께(가로세로 12cm 정도)
  로 편다. 나이프로 2×2개로 자른 후 대각선으
  로 한 번 더 자른다.

❹ 반죽을 오븐 틀에 일정한 간격으로 올린 다음
  200℃ 오븐에서 노릇노릇한 갈색이 될 때까지
  15분 정도 굽는다.

고르곤졸라 치즈는 이탈리아
의 대표적인 블루치즈로, '피
칸테'와 '돌체' 두 종류가 있다.
이 레시피에서는 블루치즈 특
유의 톡 쏘는 맛이 강한 피칸
테를 추천한다.

18. 건토마토와 바질 스콘 <u>플레인</u>

재 료 (8cm 길이 8개 분량)

◈ 가루 재료
· 박력분 150g
· 베이킹파우더 1과 1/2작은술
· 수수설탕 1작은술
· 소금 한 꼬집

◈ 올리브유 2큰술

◈ 무첨가 두유 70mL

◈ 식초 1/2작은술

◈ 건토마토 작은 것 10개(10g)

◈ 바질(생) 큰 것 5~6장

미 리 준 비 하 기

▷ 건토마토는 뜨거운 물에 10분간 담그어 부드
럽게 만든 다음 물기를 제거하고 채 썬다(ⓐ).

▷ 바질은 잘게 찢는다.

▷ 두유와 식초는 섞는다.

▷ 오븐 틀에 오븐 시트를 깐다.

▷ 오븐을 200℃로 예열한다.

만 드 는 방 법

❶ 볼에 가루 재료를 넣고 고무주걱으로 가볍게
섞은 다음 올리브유를 넣는다. 고무주걱으로
자르듯 가볍게 섞어 자잘한 소보로(흩어져 엉
클어지는 모양) 상태로 만든다.

❷ 건토마토와 바질을 넣어 고무주걱으로 가볍게
섞은 다음, 두유와 식초 섞은 것을 넣어 가볍게
섞는다. 반죽을 손으로 몇 차례 접으면서 한 덩
어리로 만든다.

❸ 반죽을 박력분(분량 외)을 뿌린 도마에 올려놓
고, 반죽의 위에 박력분(분량 외)을 뿌리고 밀
대로 가볍게 편다. 세로 방향으로 한 번 접고,
다시 밀대로 1.5cm 두께(가로세로 12cm 정도)
로 편다. 나이프로 2×2개로 자른 후 대각선으
로 한 번 더 자른다.

❹ 반죽을 오븐 틀에 일정한 간격으로 올린 다음
200℃ 오븐에서 노릇노릇한 갈색이 될 때까지
15분 정도 굽는다.

건토마토는 뜨거운 물에 10분
간 담그어 부드럽게 만든 다음
건져낸다. 물기를 제거하고 채
썰어 반죽에 넣는다.

Tip!
토마토를 크게 자르면 반죽 표면에 드러나 굽는 과정에서
타기 쉬우므로 되도록 작게 잘라 반죽에 넣어 주세요.

19. 베이컨과 건프룬 스콘 플레인

재 료 (8cm 길이 8개 분량)

◈ **가루 재료**
- · 박력분 150g
- · 베이킹파우더 1과 1/2작은술
- · 수수설탕 1작은술
- · 소금 한 꼬집

◈ **올리브유 1과 1/2큰술**

◈ **무첨가 두유 70mL**

◈ **식초 1/2작은술**

◈ **베이컨 3장**

◈ **건프룬(씨 없는 것) 20g**

미 리 준 비 하 기

▷ 베이컨과 건프룬은 대강 채 썬다.

▷ 두유와 식초는 섞는다.

▷ 오븐 틀에 오븐 시트를 깐다.

▷ 오븐을 200℃로 예열한다.

만 드 는 방 법

❶ 볼에 가루 재료를 넣고 고무주걱으로 가볍게 섞은 다음 올리브유를 넣는다. 고무주걱으로 자르듯 가볍게 섞어 자잘한 소보로(흩어져 엉클어지는 모양) 상태로 만든다.

❷ 베이컨, 건프룬 순서로 넣고 그때마다 고무주걱으로 가볍게 섞는다. 두유와 식초 섞은 것을 넣어 가볍게 섞고, 반죽을 손으로 몇 차례 접으면서 한 덩어리로 만든다.

❸ 반죽을 박력분(분량 외)을 뿌린 도마에 올려놓고, 반죽의 위에 박력분(분량 외)을 뿌리고 밀대로 가볍게 편다. 세로 방향으로 한 번 접고, 다시 밀대로 1.5cm 두께(가로세로 12cm 정도)로 편다. 나이프로 2×2개로 자른 후 대각선으로 한 번 더 자른다.

❹ 반죽을 오븐 틀에 일정한 간격으로 올린 다음 200℃ 오븐에서 노릇노릇한 갈색이 될 때까지 15분 정도 굽는다.

20. 카레와 옥수수 스콘 플레인

재 료 (8cm 길이 8개 분량)

◈ **가루 재료**
- 박력분 150g
- 베이킹파우더 1과 1/2작은술
- 수수설탕 1작은술
- 카레 분말 1/2작은술
- 소금 한 꼬집

◈ **올리브유 2큰술**

◈ **무첨가 두유 70mL**

◈ **식초 1/2작은술**

◈ **옥수수(통조림) 100g**

◈ **파프리카 파우더(있다면) 약간**

미 리 준 비 하 기

▷ 옥수수(통조림)는 물기를 제거한다.

▷ 두유와 식초는 섞는다.

▷ 오븐 틀에 오븐 시트를 깐다.

▷ 오븐을 200℃로 예열한다.

만 드 는 방 법

❶ 볼에 가루 재료를 넣고 고무주걱으로 가볍게 섞은 다음 올리브유를 넣는다. 고무주걱으로 자르듯 가볍게 섞어 자잘한 소보로(흩어져 엉클어지는 모양) 상태로 만든다.

❷ 옥수수를 넣어 고무주걱으로 가볍게 섞은 다음, 두유와 식초 섞은 것을 넣어 가볍게 섞는다. 반죽을 손으로 몇 차례 접으면서 한 덩어리로 만든다.

❸ 반죽을 박력분(분량 외)을 뿌린 도마에 올려놓고, 반죽의 위에 박력분(분량 외)을 뿌리고 밀대로 가볍게 편다. 세로 방향으로 한 번 접고, 다시 밀대로 1.5cm 두께(가로세로 12cm 정도)로 편다. 나이프로 2×2개로 자른 후 대각선으로 한 번 더 자른다.

❹ 반죽을 오븐 틀에 일정한 간격으로 올린 다음 파프리카 파우더를 뿌리고 200℃ 오븐에서 노릇노릇한 갈색이 될 때까지 15분 정도 굽는다.

 Tip! 작게 자른 소시지를 넣어도 맛있어요.

Cream
&
Cheese

Part 3

촉촉한 생크림 스콘
& 짭짤한 크림치즈 스콘

생크림을 넣어 만들어 촉촉한 생크림 스콘과 크림치즈 특유의 산미
와 짭짤함이 느껴지는 크림치즈 스콘을 소개합니다.
생크림 스콘의 경우 버터, 요거트, 우유 대신 생크림 하나만 넣어 간
단하게 만들 수 있고, 크림치즈 스콘은 반으로 잘라서 햄이나 채소
를 끼워 넣어 샌드위치로 먹을 수 있어요.
오렌지 마멀레이드와 포피시드, 레몬즙, 각종 향신료 파우더, 아이
스크림까지. 다양한 재료를 넣은 스콘을 즐겨 보세요.

① 촉촉한 생크림 스콘

버터, 요거트, 우유 대신 생크림을 넣어
적은 재료로 손쉽게 만들 수 있는 스콘입니다.
버터를 자르는 수고도 필요 없고, 반죽은 고무주걱으로 섞기만 하면 돼요.
유리잔으로 동그랗게 찍어내서 구워 주세요.
촉촉하고 진한 느낌이 매력적인 스콘이에요.

재 료 (지름 5~6cm 크기 8개 분량)

◇ 가루 재료
　· 박력분 150g
　· 수수설탕 1큰술
　· 베이킹파우더 1과 1/2작은술

◇ 생크림 150mL

미 리　준 비 하 기

▷ 오븐 틀에 오븐 시트를 깐다.

▷ 오븐을 200℃로 예열한다.

❶ 박력분과 생크림 넣어 섞기

볼에 가루 재료를 넣고 거품기로 가볍게 섞는다.

생크림을 넣고,

고무주걱으로 가루 재료를 위에서 덮으면서 가루에 수분을 흡수시키듯이 가볍게 섞는다.

❷ 반죽 펴고 유리컵으로 떼어내기

❸ 굽기

반죽을 손으로 몇 차례 접으면서 한 덩어리로 만든다.

* 치대지 않도록 주의해 주세요.

반죽을 박력분(분량 외)을 뿌린 도마에 올려놓고, 반죽의 위에 박력분(분량 외)을 뿌리고 밀대로 2cm 두께가 될 때까지 편다.

유리컵(지름 5~6cm) 입구에 박력분을 살짝 묻힌 다음 반죽을 찍어내고,

남은 반죽은 치대지 말고 접어가며 한 덩어리로 만든 다음 다시 밀대로 펴고 유리컵으로 마저 찍어낸다.

* 반죽을 치대면 스콘이 딱딱해지므로 주의해 주세요.

반죽을 오븐 틀에 일정한 간격을 두고 올린 다음 200℃ 오븐에서 노릇노릇한 갈색이 될 때까지 15분 정도 굽는다.

② 짭짤한 크림치즈 스콘

크림치즈의 산미로 인해 촉촉하고 부드럽게 만들어진 스콘입니다.
조금 짭짤한 맛이 있으니 달콤한 메이플 시럽을 뿌려 먹어도 좋아요.
반으로 잘라서 햄이나 채소를 끼워 넣고,
샌드위치로 먹는 것도 추천해요.

재 료 (7.5cm 길이 8개 분량)
◇ 가루 재료
  · 박력분 150g
  · 수수설탕 1큰술
  · 베이킹파우더 1과 1/2작은술
◇ 크림치즈 100g
◇ 우유 4큰술

미 리   준 비 하 기
▷ 크림치즈는 2cm 크기로 깍둑썰기 한다.
▷ 오븐 틀에 오븐 시트를 깐다.
▷ 오븐을 200℃로 예열한다.

❶ 가루 재료와 크림치즈 넣어 섞기

볼에 가루 재료를 넣고 거품기로 가볍게 섞은 다음, 크림치즈를 넣고 스크래퍼로 자르듯 섞는다.

크림치즈가 팥알 정도의 크기가 되면,

❷ 우유 넣어 섞고 접기

우유를 넣고,

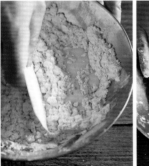 

가루를 위에서 덮으면서 스크래퍼로 자르듯 섞는다.

반죽을 손으로 몇 차례 접으면서 한 덩어리로 만든다.

* 치대지 않도록 주의해 주세요.

❸ 펴고 자르기

반죽을 박력분(분량 외)을 뿌린 도마에 올려놓고, 밀대로 2cm 두께(지름 15cm 정도)로 편다.

* 반죽을 돌려가며 밀면 원 모양으로 균등하게 펴기 쉬워요. 반죽이 밀대에 들러붙으면 반죽 위에도 박력분을 뿌려 주세요.

나이프로 방사형 8등분으로 자른다.

❹ 굽기

반죽을 오븐 틀에 일정한 간격을 두고 올린 다음 200℃ 오븐에서 노릇노릇한 갈색이 될 때까지 15분 정도 굽는다.

Tip!
매운 맛을 좋아한다면 카옌고추를 올리거나 고춧가루를 뿌려도 좋아요.

1

마멀레이드 비스킷 생크림

반죽에 오렌지 마멀레이드를 넣고,
그랑 마르니에를 사용하여 오렌지 풍미를 더한 스콘.
왁스칠하지 않은 오렌지라면 껍질을 갈아서 넣어도 좋아요.
레시피⇒111쪽

2

포피시드와 레몬 스콘 크림치즈

포피시드의 톡톡 씹히는 식감이 매력적인 스콘.
레몬은 껍질만 넣어 향기를 더했어요.
레몬 아이싱을 뿌려도 잘 어울려요.
레시피⇒112쪽

3
차이 스콘 생크림

홍차액과 시나몬, 진저 등 향신료 파우더를 넣어,
어른스러운 향기가 느껴지는 쌉쌀한 풍미의 스콘.
스콘 하나만 먹어도 맛있고,
꿀이나 메이플 시럽, 생크림, 캐러멜 크림 등을 발라 먹는 것도 추천해요.
레시피⇒113쪽

4
수수설탕 스콘과 아이스샌드 생크림
생크림을 넣은 촉촉한 반죽을 얇게 구워
사이에 아이스크림을 넣으면 맛있는 아이스샌드로 완성됩니다.
초콜릿, 포도, 딸기 등 좋아하는 맛의 아이스크림으로 만들어 주세요.
레시피⇒114쪽

1. 마멀레이드 비스킷 생크림

재 료 (지름 5~6cm 크기 8개 분량)

◈ 가루 재료
- 박력분 160g
- 수수설탕 1큰술
- 베이킹파우더 1과 1/2작은술

◈ 생크림 120mL

◈ 그랑 마르니에(ⓐ) 1큰술

◈ 오렌지 마멀레이드 3큰술
  (과육이 많고 꾸덕꾸덕한 것)

미 리 준 비 하 기

▷ 오븐 틀에 오븐 시트를 깐다.

▷ 오븐을 200℃로 예열한다.

만 드 는 방 법

❶ 볼에 가루 재료를 넣고 거품기로 가볍게 섞는다. 생크림과 그랑 마르니에를 넣고, 고무주걱으로 가루 재료를 위에서 덮으면서 가루에 수분을 흡수시키듯이 가볍게 섞는다.

❷ 반죽을 손으로 몇 차례 접으면서 한 덩어리로 만든다. 반죽을 박력분(분량 외)을 뿌린 도마에 올려놓고, 밀대로 편 후 오렌지 마멀레이드를 바르고 반으로 접는다. 밀대를 사용하여 2cm 두께가 될 때까지 펴고, 유리컵(지름 5~6cm)으로 반죽을 찍어낸다. 남은 반죽은 치대지 말고 접어가며 한 덩어리로 만든 다음 다시 밀대로 펴고 유리컵으로 마저 찍어낸다.

❸ 반죽을 오븐 틀에 일정한 간격을 두고 올린 다음 200℃ 오븐에서 노릇노릇한 갈색이 될 때까지 15분 정도 굽는다.

그랑 마르니에는 코냑에 오렌지 껍질 등을 넣어 향을 낸 리큐어의 한 종류로, 오렌지 향을 내고 싶을 때 사용한다. 없을 경우 럼주나 브랜디로 대체해도 좋다.

2. 포피시드와 레몬 스콘 [크림치즈]

재 료 (7.5cm 길이 8개 분량)

◇ 가루 재료
- 박력분 150g
- 수수설탕 1큰술
- 베이킹파우더 1과 1/2작은술

◇ 크림치즈 100g

◇ 우유 4큰술

◇ 블루 포피시드(ⓐ) 1큰술

◇ 레몬 껍질 간 것(왁스칠 하지 않은 것)
  1개분

미 리 준 비 하 기

▷ 크림치즈는 2cm 크기로 깍둑썰기 한다.

▷ 오븐 틀에 오븐 시트를 깐다.

▷ 오븐을 200℃로 예열한다.

만 드 는 방 법

❶ 볼에 가루 재료를 넣고 거품기로 가볍게 섞은 다음 자른 크림치즈를 넣고 스크래퍼로 잘게 자르듯 섞는다. 크림치즈가 팥알 정도의 크기가 될 때까지 섞는다.

❷ 우유를 넣고, 가루를 위에서 덮으면서 스크래퍼로 자르듯 섞는다. 반죽을 손으로 몇 차례 접으면서 한 덩어리로 만든다.

❸ 반죽을 박력분(분량 외)을 뿌린 도마에 올려놓고, 포피시드와 레몬 껍질을 뿌리고 밀대로 2cm 두께(가로세로 15cm 정도)로 편다. 나이프로 방사형 8등분으로 자른다.

❹ 반죽을 오븐 틀에 일정한 간격을 두고 올린 다음 200℃ 오븐에서 노릇노릇한 갈색이 될 때까지 15분 정도 굽는다.

'양귀비 씨'라고도 불리는 포피시드. 유럽과 중동, 인도, 미국 등 다양한 지역에서 폭넓게 활용되는 향신료이다. 파란색, 흰색, 노란색, 회색 등 산지에 따라 다른 색으로 재배된다. 톡톡 씹히는 식감이 매력적.

Tip! 레몬 아이싱(17쪽 참조)을 뿌려도 잘 어울려요.

3. 차이 스콘 생크림

재 료 (지름 5~6cm 크기 8개 분량)

◈ **가루 재료**
- 박력분 150g
- 수수설탕 2큰술
- 베이킹파우더 1과 1/2작은술

◈ **생크림 100mL**

◈ **홍차액**
- 뜨거운 물 80mL
- 홍차 잎 2g 또는 티백 1봉

◈ **향신료 파우더(ⓐ)**
- 시나몬 파우더, 진저 파우더,
  카다몬 파우더 각 1/4작은술

미 리 준 비 하 기

▷ **홍차액 만들기** 뜨거운 물에 홍차 잎을 넣어
  식힌 후, 차거름망에 대고 꽉 짜서 홍차액을
  만든다(43쪽 참조).

▷ 오븐 틀에 오븐 시트를 깐다.

▷ 오븐을 200℃로 예열한다.

만 드 는 방 법

❶ 볼에 가루 재료를 넣고 거품기로 가볍게 섞는
  다. 홍차액(3큰술)과 향신료 파우더를 넣고, 고
  무주걱으로 가루 재료를 위에서 덮으면서 가
  루에 수분을 흡수시키듯이 가볍게 섞는다.

❷ 반죽을 손으로 몇 차례 접으면서 한 덩어리로
  만든다. 반죽을 박력분(분량 외)을 뿌린 도마에
  올려놓고, 밀대로 2cm 두께가 될 때까지 펴
  고, 유리컵(지름 5~6cm)으로 반죽을 찍어낸다.
  남은 반죽은 치대지 말고 접어가며 한 덩어리
  로 만든 다음 다시 밀대로 펴고 유리컵으로 마
  저 찍어낸다.

❸ 반죽을 오븐 틀에 일정한 간격을 두고 올린 다
  음 200℃ 오븐에서 노릇노릇한 갈색이 될 때
  까지 15분 정도 굽는다.

ⓐ

왼쪽부터 시나몬, 진저, 카다
몬 파우더로 차이 스콘을 만들
기 위해서 필요한 향신료. 카
다몬 파우더 대신 넛메그 파우
더를 사용해도 된다. 간편하게
차이용 스파이스 믹스를 사용
해도 좋다.

Tip! 취향에 따라 꿀이나 메이플 시럽, 생크림,
캐러멜 크림(15쪽 참조)을 발라 먹어도 좋아요.

4. 수수설탕 스콘과 아이스샌드 생크림

재 료 (지름 8cm 크기 5개 분량)

◈ 가루 재료
- · 박력분 150g
- · 수수설탕 2큰술
- · 베이킹파우더 1과 1/2작은술

◈ 생크림 150mL

◈ 수수설탕 1큰술

◈ 바닐라 아이스크림 적당량

미 리 준 비 하 기

▷ 오븐 틀에 오븐 시트를 깐다.

만 드 는 방 법

❶ 볼에 가루 재료를 넣고 거품기로 가볍게 섞는다. 생크림을 넣고, 고무주걱으로 가루 재료를 위에서 덮으면서 가루에 수분을 흡수시키듯이 가볍게 섞는다.

❷ 반죽을 손으로 몇 차례 접으면서 한 덩어리로 만든다. 반죽을 박력분(분량 외)을 뿌린 도마에 올려놓고, 밀대로 1cm 두께가 될 때까지 펴고, 유리컵(지름 7.5cm)으로 반죽을 찍어낸다. 남은 반죽은 치대지 말고 접어가며 한 덩어리로 만든 다음 다시 밀대로 펴고 유리컵으로 마저 찍어낸다. 반죽을 냉동실에 20분 이상 휴지시킨다(ⓐ).

❸ 오븐을 200℃로 예열한다. 반죽을 오븐 틀에 일정한 간격을 두고 올린 다음 표면에 물을 바르고 수수설탕을 뿌린다. 오븐에서 노릇노릇한 갈색이 될 때까지 15분 정도 굽는다.

❹ 스콘이 식으면 반으로 자르고, 사이에 아이스크림을 넣는다.

반죽을 얇은 1cm 두께로 편 후 조금 큰 컵으로 찍어내면 아이스크림을 넣기에 적당한 크기로 만들어진다. 이후, 냉동실에 약간 휴지시키면 깔끔하게 구워진다.

Tip!
초콜릿, 포도, 딸기 등 좋아하는 맛의 아이스크림으로 취향껏 만들어 주세요.

스콘 & 비스킷 Tip

스콘을 맛있게 만들었다면, 맛을 유지하는 것도 중요하겠죠?
올바르게 보관하는 방법과 다시 데우는 방법,
적당한 보관 기간을 소개합니다.
또한, 푸드 프로세서로 더욱더 편리하게 스콘을 만드는 방법도 담았어요.

스콘 보관 방법과 다시 데우는 방법

스콘은 갓 구운 것이 가장 맛있지만, 미처 다 먹지 못했을
때는 지퍼백에 넣어 냉동 보관해 주세요. 보관 기간은 3주
정도이며, 다시 데울 때는 냉동 상태로 오븐 토스터에 구우
면 됩니다. 탈 것 같다면 호일을 감아 주세요.

보관 기간

버터로 만든 스콘은 상온에서 3~4일 정도, 오일로 만든 스
콘은 2일 정도까지가 맛있어요. 두 가지 모두 2일 이상 먹
지 않을 때는 냉동 보관을 추천합니다. 차가운 온도에서는
건조해지기 쉽기 때문에 지퍼백에 넣어주세요. 굽기 전에
반죽을 잘라서 냉동할 경우에는 2주 정도 보관 가능합니
다. 구울 때는 냉동 상태로 오븐에 넣어서 5분 정도 더 길
게 구워주세요.

푸드 프로세서로 스콘 만드는 방법

버터 스콘을 만들 때 사용하면 편리해요. 가루 재료를 넣어서 가볍게 섞
고, 2cm 크기로 깍둑썰기 한 버터를 넣어 버터가 너무 잘게 잘리지 않
도록 주의하면서 섞어줍니다. 그 뒤에 볼에 옮기고 액상 재료를 넣어주
세요. 버터가 잘게 잘리기 때문에 파이풍 스콘을 만들 때는 적절하지 않
아요. 오일 스콘의 경우 푸드 프로세서를 사용하지 않아도 손쉽게 만들
수 있어요.

식감이 살아있는 스콘 & 비스킷

1판 3쇄 펴냄 2022년 1월 25일

지 은 이 와카야마 요코
옮 긴 이 김정명
펴 낸 이 정현순
편   집 고수인
디 자 인 박지영
인   쇄 ㈜한산프린팅

펴 낸 곳 ㈜북핀
등   록 제2021-000086호(2021.11.9.)
주   소 경기도 부천시 조마루로385번길 92
전   화 032-240-6110 / 팩스 02-6969-9737

ISBN 979-11-87616-55-9   13590
값 14,000원